口絵 1　ピルバラ地塊の風景
　→ 詳細は図 1.3 参照.

口絵 2　ピルバラ地塊の太古代チャートを代表するマーブルバー・チャート（エイペクス・チャートの近くにある）
　→ 詳細は図 2.7 参照.

口絵 3　筆者が見つけたスティルリー・プール層のストロマトライト（ゴールズワージー緑色岩帯）

→ 詳細は図 3.7 参照.

口絵 4　ノースポール地域のドレッサー層に含まれるストロマトライト

→ 詳細は図 4.4 参照.

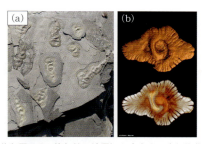

口絵5 ガボン共和国の21億年前の地層から産出する多細胞化石とされるもの
→詳細は図7.6参照.

口絵6 縞状鉄鉱層(品位が低いチャート質のもの)
→詳細は図8.3参照.

口絵 7　ゴールズワージー緑色岩帯によく見られる蒸発岩の層
→ 詳細は図 10.4 参照.

口絵 8　マウント・グラント全景
→ 詳細は図 10.6 参照.

口絵 9　マウント・グラント尾根筋の黒色チャート
→ 詳細は図 10.7 参照.

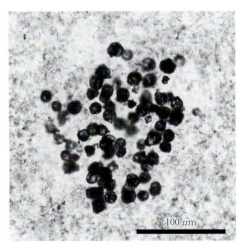

口絵 10　15 μm 前後の直径の小型球状微化石からなるコロニー
→ 詳細は図 11.4 参照.

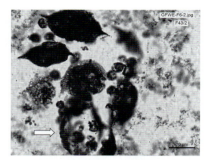

口絵 11　フランジを有するレンズ状微化石のコロニー
→ 詳細は図 12.6 参照.

口絵 12　ノースポール地域に見られた石膏？のバラ状結晶
→ 詳細は図 12.8 参照.

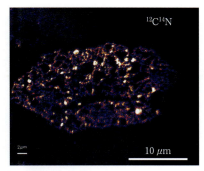

口絵 13　Nano-SIMS（二次元高分解能二次イオン質量分析装置）を用いて行ったレンズ状微化石断面の元素マッピング像
→ 詳細は図 13.2 参照.

口絵 14　チャートの平板状角礫を含む砂岩
→ 詳細は図 14.1 参照.

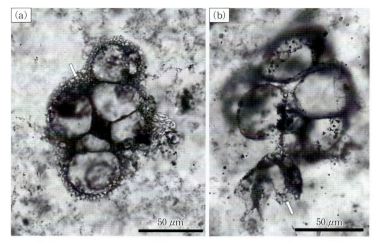

口絵 15 ウォーターフォール露頭に産出するスティルリー・プール層の微化石
→ 詳細は図 14.5 参照.

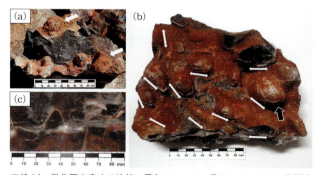

口絵 16 微化石を産する塊状の黒色チャートに見られる，コーン状構造
→ 詳細は図 14.6 参照.

オーストラリアの
荒野によみがえる原始生命

杉谷健一郎 [著]

コーディネーター 掛川 武

KYORITSU
Smart
Selection

共立スマートセレクション
5

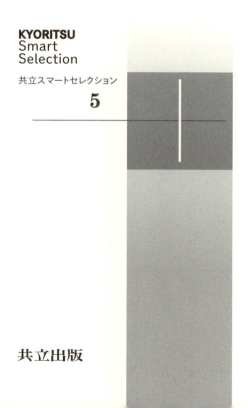

共立出版

はじめに

 本書は筆者が西オーストラリアの荒野(「アウトバック」と呼ばれる)で発見した30億および34億年前の微化石の正体に迫るプロセスと,それに関わる生命の起源,初期進化,地球環境と生物進化などについてまとめたものである.最近「宇宙生物学」という学問分野がかなり一般的に認知されるようになってきた.火星や土星の衛星に探査機を飛ばして直接地球外生命やその痕跡をさがす研究はまさに宇宙生物学そのものであり,専門外の人たちにとってもわかりやすい例だ.しかしこの本で主題となる30億年以前の地球に存在した太古の生命に関する研究—かなりマニアックであることは間違いない—も立派な宇宙生物学の一分野である.

 1960年代以降,世界最古の化石を求めて数多くの研究者が西オーストラリアの荒野や一年のほとんどが氷に閉ざされたグリーンランド,そして南アフリカの山岳地帯で調査を行ってきた.好運にも化石らしきものを見つけた人は,世界最古の化石発見という論文を執筆し科学雑誌に投稿したはずである.しかしその分野の大御所とその弟子ならいざ知らず,"普通"の研究者を待っていたのは厳しくも腹立たしいコメントの数々だっただろう.その化石が含まれる石は本当に太古代(25億年以前の地質年代の名称)のものか? 後から紛れ込んだ現生の微生物ではないのか? 鉱物の一種ではないのか? そして挙げ句の果てに論文は却下される.著名な研究者であっても,少しでもミスを犯すと袋だたきにあいかねない.『ネイチャー』や『サイエンス』に発表され,多くの教科書が取りあげた

研究成果が 10 年後に激しい批判にさらされることも珍しくない．なぜなら太古代の生命の痕跡ははかなく，自然の様々なトリックでその真の姿が隠されていることが多いからだ．

　本書は初期地球における生命と地球環境について最新の研究成果をなるべく取り入れながら解説する．そして筆者が西オーストラリアで偶然発見し，十数年近くその実体解明に取り組んできた太古代の大型微化石群を紹介し，その面白さを少しでも多くの人と共有したいと思っている．重要な発見や論争となっている話題については本文中に引用を明示し，その文献を各章末にまとめた．巻末には参考にしたあるいは参考にしてもらいたい文献を関連するテーマごとに紹介したので役立ててもらいたい．なお本文中の敬称はすべて省略した．悪しからずご了承頂きたい．

2015 年 12 月

杉谷健一郎

目　次

はじめに …………………………………………………………… iii

① 「太古代」とは？ ……………………………………………… 1
地球生命史のブラックボックス「太古代」　　1
太古代の生命を研究するなら……　　4
先カンブリア時代の地球生命史重大イベント　　10
引用文献　　13

② 太古代の生命痕跡——その1 ………………………………… 15
ガンフリント・チャートが扉を開けた先カンブリア古生物学　　15
38億年前のイースト菌？　　17
エイペクス・チャート論争　　19
引用文献　　24

③ 太古代の生命痕跡——その2 ………………………………… 26
ストロマトライトとは　　26
太古代ストロマトライトをめぐる論争　　31
有機質の薄層を残したストロマトライトの発見　　33
引用文献　　38

④ 太古代の生命痕跡——その3 ………………………………… 40
灼熱の「ノースポール」は太古代の中央海嶺か？　　40
ノースポールのメタン細菌とその意義　　44
硫酸還元菌も35億年前にいた？　　47
35億年前の渚　　48

極北に残された痕跡——アパタイトの謎と生物起源グラファイト　50
　　引用文献　53

⑤「生命」はいつ，どこで，どのように？　56

　　生命の材料と元素の起源　56
　　生体分子の形成とその進化1　60
　　生体分子の形成とその進化2　61
　　細胞の形成　63
　　生命は深海熱水噴出孔で生まれたのか？　65
　　引用文献　68

⑥ 現生生物に見る多様性と生態系——太古代生命理解のために
　　70

　　生物多様性と太古代生命　70
　　生態系とは　71
　　独立栄養生物と従属栄養生物　75
　　生態系を支える微生物　76
　　引用文献　81

⑦ 原核生物と真核生物，それらをつなぐシアノバクテリア
　　83

　　光合成とその進化　83
　　シアノバクテリアの出現時期　85
　　真核生物の化石記録——その1　89
　　真核生物の化石記録——その2　91
　　真核生物の化石記録？——その3　93
　　引用文献　96

⑧ 先カンブリア時代の地球表層環境　98

　　大気と海洋の起源　98
　　太古代，地球は今より熱かった？　100

縞状鉄鉱層の起源とその意義　102
大酸素事変──その1　105
大酸素事変──その2　109
引用文献　112

⑨ 太古代表層環境に関する新知見──酸素を巡って ……… 115

モリブデンと酸素　115
古土壌とは？　119
30億年前の古土壌は語る　120
酸素オアシスは存在したか？　124
引用文献　130

⑩ 謎の太古代大型微化石──その1 ……………………… 131

ホームグラウンド，ゴールズワージー緑色岩帯　131
サンプリングはスタック（立ち往生）から始まった　137
急遽西オーストラリアを縦断することに　139
引用文献　143

⑪ 謎の太古代大型微化石──その2 ……………………… 145

奇妙な物体が見つかった　145
グレイ博士との出会い　150
「微化石」は本当に化石か？　153
太古代「微化石」の信憑性を検証する──その1　154
太古代「微化石」の信憑性を検証する──その2　155
太古代微化石の発見者になるには？　158
引用文献　159

⑫ 謎の太古代大型微化石──その3 ……………………… 160

徐々に明らかになる太古代微化石群の姿　160
オーストラリアで遭難しかける　167
ヨハネスブルグ空港でも"遭難"しかける　172

⑬ **謎の太古代大型微化石——その4** ……………… 175
　『ネイチャー』に投稿しようとするが……　175
　論文発表にこぎ着けたが……　177
　それでもひっそりと研究は進む　180
　34億年前の南アフリカ・オンベルトワクト層群（クロンベルグ層）の大型微化石　185
　スティルリー・プール層からも大型微化石が見つかった　187
　引用文献　189

⑭ **太古代大型微化石の謎に迫る** ……………… 191
　レンズ状微化石の特徴　191
　レンズ状微生物の生息環境——ファレル珪岩層の場合　194
　レンズ状微化石の生息環境——スティルリー・プール層の場合
　　198
　レンズ状微化石の"大きさ"の意味　200
　レンズ状微生物の生活環　203
　フランジの模様はトリックか？　206
　レンズ状微化石は真核生物か？　207
　引用文献　210

参考文献 …………………………………………………… 213
あとがき …………………………………………………… 217
石のつぶやき（コーディネーター　掛川　武） ………… 220
索　引 ……………………………………………………… 225

Box

1. プレートテクトニクス …………………………………………… 11
2. チャート ………………………………………………………… 22
3. 炭素の同位体比と有機物の起源 ………………………………… 36
4. 付加体説とチャートの堆積場 …………………………………… 53
5. 隕石と隕石に含まれる有機物 …………………………………… 68
6. 極限環境微生物 …………………………………………………… 81
7. 連続共生説 ………………………………………………………… 95
8. 酸素は両刃の剣 …………………………………………………… 111
9. 希土類元素と太古代地球環境 …………………………………… 128

① 「太古代」とは？

地球生命史のブラックボックス「太古代」

　地球は今から約46億年前に，生命は40億年くらい前には誕生したのではと言われている．世界最古の岩石はカナダのアカスタに産する約40億年前の岩石で[1]，2008年には42億年前とされるものも見つかっている[2]．しかし両者とも強い圧力や熱を受けた変成岩の一種で，その中に（当初あったとしても）化石が残されている可能性は低い．変成作用の高い熱や大きな圧力は微生物の細胞をあとかたもなく破壊しかねないからだ．後述するように世界最古の生命の痕跡はグリーンランドの37億年前の岩石から報告されている．ただそれは生物の形をとどめてはいない．

　琥珀に閉じ込められた今にも動き出しそうな昆虫から全長が十数mものティラノザウルスまで，実に様々な生物の化石が見つかっている．私たちはその化石記録から過去の生物の生態や進化，それらに関わる地球環境に関する情報を得ることができる．魚竜とい

う2億5千万年前から9千万年前に生息したイルカのような形をした海棲爬虫類がいる．その全身骨格の化石には体内でふ化した赤ん坊の骨格がしばしば見つかり，魚竜は卵胎性であったことがわかる．また肉食恐竜と草食恐竜が争ったまま化石化されたものや集団で子育てをした形跡が残された巣跡も見つかっている．このような私たちをわくわくさせてくれる多様な化石の産出はいったい何億年くらい前までさかのぼれるのだろうか？　実は46億年という地球の歴史を通じて肉眼でそれとわかる多様な化石が豊富に産出するのは，たかだか5億4千万年前より新しい時代の地層にほぼ限られる．まるで5億4千万年前に突如として多様な生物が出現したかのようでさえある．それ以前は，エディアカラ動物群（6億〜5億5千万年前）と呼ばれる，骨格を持たない多細胞動物の仲間やその他のわずかな例を除いて，顕微鏡的なサイズの化石がほとんどだ．顕微鏡が発明されたのは1590年までさかのぼるが，エディアカラ以前の地層の中に多様な微生物の化石が含まれていることがわかったのは1950年代である．

「5億4千万年前に突如として多様な生物が出現したように見える」のには2つの理由がある．1つはその頃に生物が方解石（$CaCO_3$）などの鉱物質の骨格をもつようになり化石として残りやすくなった，そして実際に生物が短期間に多様化，大型化したからだ．これはカンブリア爆発（生物が爆発的に進化・多様化したという意味）と呼ばれており，その原因は地球史における未解決問題の1つである．地質学の分野ではこの5億4千万年前を境として，それ以前を先カンブリア時代，以降を顕生代（顕生累代）と呼ぶ．顕生代とは「生物が繁栄し，多くの化石が残された時代」である．顕生代は古いほうから古生代，中生代，新生代に区分され，それぞれの「代」はさらに細かく区分されている（**図 1.1**）地質年代の区分

① 「太古代」とは？ 3

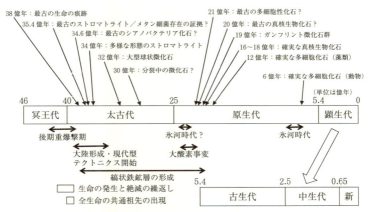

図1.1 地球史年表と先カンブリア時代（5.4億年以前）の重要イベント
筆者の発見した微化石はあえて入れていない．

は地層に残された化石記録に基づいている．古生代の終わりには海生無脊椎動物種の90%以上と陸上動物の70%以上が，そして中生代の終わりには恐竜を含む50〜60%の生物種が絶滅したことが知られている．古生代を例にとると約3億年の期間は古いほうからカンブリア紀，オルドビス紀，シルル紀，デボン紀，石炭紀，二畳紀に分けられているが，それぞれの紀の境界も大規模な生物の絶滅とそれに引き続く新たな生物群の出現に対応している．

顕生代より前の時代である先カンブリア時代の場合，25億年前を境界としてそれより新しい時代を原生代，古いほうを太古代と呼び，さらに40億年前から地球創世の46億年までを冥王代と呼ぶ．顕生代とは異なり，これらの時代区分は生物群の絶滅や出現には対応していない．そもそもそんなことができるほど化石が産出しない．原生代と太古代の境界は便宜的に25億年前とされ，太古代と冥王代の境界はカナダのアカスタに残されている最古の岩石の年代（約40億年前）に対応している．

先ほど述べたように生命の痕跡は 37 億年前の地層にまでさかのぼる．一方生物の形を残した最古の化石記録はどうだろうか？ 1993 年の『サイエンス』に 34.5 億年前の地層から世界最古の，しかも酸素発生型光合成細菌「シアノバクテリア」様の化石が報告され，大きな話題となった[3]．ただ後で述べるように，この論文は約 10 年後激しいバッシングを受けることになる．世界最古の化石発見レースには日本の研究者も参戦しており，東京工業大学の上野雄一郎らは約 35 億年前の地層から微化石様構造を報告している[4]．

　このように書くと太古代にも化石がたくさん産出するように思われるかもしれない．実際太古代微化石の発見を報告した論文の数は，20 は下らないだろう．しかし実情は少々複雑だ．というのも，ある研究者が「太古代の微化石を発見した」と論文で発表したとしても，必ずしもすんなりと他の研究者に受け入れられるとは限らないからだ．微生物の痕跡を相手にする太古代の化石研究は「それは本当に太古代の化石なのか？」という根本的な懐疑を常につきつけられる．論文を書いた本人に面と向かっては言わないまでも，ホンマかいな？　というような代物も少なくないのが事実である．

太古代の生命を研究するなら……

　残念ながら日本には初期生命を探索できる太古代の地層はない．しかし海外に目を向けると太古代の岩石が手に入る所は少なくない．中国，インド，オーストラリア，ブラジル，南アフリカ，ジンバブエ，ロシア，アメリカ，カナダ，デンマーク（グリーンランド）などである（**図 1.2**）．ただ太古代前期（32 億年以前）の生命の痕跡を研究するうえで有利な変成度の低い岩石が手に入る場所は限られてくる．1 つは西オーストラリアのピルバラ地塊であり，もう 1 つは南アフリカのカープバール地塊である．

① 「太古代」とは？ 5

図 1.2 主要な太古代地塊とその特徴

西オーストラリアのピルバラ地塊はグレートサンディ・デザートの北西端に位置する赤茶けた荒野である（**図 1.3**）．ユーカリの仲間やスピニフェックスという刺のような葉をもった草が生えている．川幅が100 m以上で流程が数百 kmの大河が何本も流れ，小さなクリークも無数に散在する．植生と起伏に乏しいために，飛行機から眺めると水は流れていないが河川が血管や葉脈のように広がっているのがわかる（**図 1.4**）．乾期には水位が下がって河川は分断され，細長い湖が並んでいるだけの状態になる．雨期には大雨が降り地域全体が洪水に襲われる．車で走行していると，路肩に数 mの深さまで水位が表示された標識が設置されていることに気付く．この道路はかなりの深さの水底に沈むこともあるということだ．ピルバラは季節による降水量変動があまりにも極端なので，農業は行われていない．少なくとも畑というものを見たことは一度も無い．一方鉄鉱石をはじめとする鉱物資源が豊富で，沿岸部には天然ガスもでる．鉱物資源は日本にも多く輸出され，特に私たちになじみが深いのは鉄鉱石である（**図 1.5**）．鉄鉱石の代表格は縞状鉄鉱層で，そ

図1.3 ピルバラ地塊の風景

本書でもたびたび触れる，約34億年前の地層であるスティルリー・プール層の尾根．
→ 口絵1参照．

図1.4 ピルバラへ向かう飛行機から撮影した写真

水脈（雨期の川筋）にそって植生が発達している様子がうかがえる．

の多くが27億年前～19億年前の間に世界各地で形成された．縞状鉄鉱層は海水中に溶けていた鉄が酸化・沈殿してできたと言われている．後で詳しく述べるが，縞状鉄鉱層の生成には微生物の活動が深く関わっていたと考えられている．光合成細菌が生み出した酸素

図 1.5 約 25 億年前の縞状鉄鉱層（西オーストラリア・ハマースレー層群）
中央上部に人がいる．これでも全体のごく一部である．D. フラネリー博士（NASA ジェット推進研究所・オーストラリア宇宙生物学センター）の好意による．

が海水中に溶けていた鉄と結合し，酸化・沈殿して縞状鉄鉱層が生成したという説が広く信じられている．私たちの文明は太古代の微生物の活動と無縁ではない．

　南アフリカ・カープバール地塊のバーバートン山地は，その名の通り山がちである（**図 1.6**）．1000 m 級の山々が連なり，緑に覆わ

図1.6 南アフリカ・バーバートン山地
温暖湿潤で植生が発達しているため,良好な露頭は西オーストラリアに比べて少なく感じる.

れている.温暖湿潤なので樹木の生育が早く,林業が盛んだ.植生が豊かなので,露頭(岩石や地層が露出している所)も限られている.したがって目的地まで何時間も歩かなければならないことも多い.ピルバラには危険な生物はほとんどおらず,調査シーズンはその乾燥と人口密度の低さが危険因子である.一方南アフリカの場合,最強の毒蛇「ブラックマンバ」がいるし,熱病を媒介するダニも怖い.ライオンはもちろんカバはもっと恐いが,これらの大型動物は基本的にフェンスで人間界から隔離されている(とは言いながらそのフェンスが壊れていたりする).ピルバラとの違いは,山中でもしばしば人間に遇うことだ.2003年にバーバートン山地で行われたフィールドワークショップ(野外見学会と研究発表会を兼ねたもの)に参加した際,目的の露頭への道すがら小さな村をおとず

1 「太古代」とは？　9

図 1.7　2003 年の南アフリカでのフィールドワークショップの一コマ
底抜けに明るい現地の人々が印象に残る．背の高い人は W. アルテルマン博士．

れたことがある．電気も水道も通じていないらしいが，女性たちはカラフルな衣装に身をまとい，歌を歌いながら小川まで水を汲みに行く．掘立て小屋のような家の周りでは鶏がヒヨコを連れて歩き回っている．そのすぐ側には放し飼いの犬がクンクンと土の匂いをかぎ回っている．庭におかれた椅子の上には猫が寝そべってその様子を眺めている．何とも満たされた不思議な光景であった（**図 1.7**）．

　西オーストラリア・ピルバラ地塊と南アフリカ・カープバール地塊．この２つの地塊は数千 km 離れているが，太古代はもっと近かったか，さらには１つの大陸だった可能性もある．ただ，両者に分布する地層の特徴はよく似ているが，まったく同じというわけではない．この本のメインテーマの１つである 34 億年前の「大型微化石」も両地塊から産出している．ルイジアナ州立大学の M. ウォルシュが，長径 100 μm 以上に達する紡錘型の微化石様構造物をバーバートン山地の太古代チャートに発見し，1992 年に『プレカンブリアン研究』という専門誌に論文を発表している[5]．しかし，この

研究は当時まったくといってよいほど注目されず，15年も経ってから，筆者が同様の微化石をピルバラ地塊から報告することによってその意義が再認識されることになった．

先カンブリア時代の地球生命史重大イベント

　先カンブリア時代は46億年前から5億4千万年前までの約40億年間という地球史の88%を占める．この間に地球生命史における様々な重大なイベントがあった（図1.1）．本章の最後にそのうちの2つを紹介したい．まずは「後期重爆撃」（Late Heavy Bombardment：レイトヘヴィボンバードメント）と呼ばれる，41億年前から38億年前までの間に多くの小惑星やすい星が月や地球に衝突したイベントだ[6]．この衝突によって月の「海」が形成され，地球では海洋が幾度も蒸発したと考えられている．それ以前に生まれていたかもしれない生命もいったんは絶滅したか，その危機に追いやられただろう．このイベントは，月探査で持ち帰られた岩石試料の分析によって提唱された．一方，スタンフォード大学の地質学者D.ロウらは，バーバートン山地での長年にわたるフィールドワークによって，後期重爆撃期後の35〜32億年前にも巨大な隕石が少なくとも8回地球に衝突したとしている[7]．巨大な隕石が衝突すると，その大部分とターゲットである地球の表面が一瞬にして溶融・蒸発し，大気中で冷却されてガラスの微小球が形成される．また海に落ちた場合，大津波が発生する．ロウらは太古代の地層中に，微小球に含む層や津波によって堆積物がかき乱された層を複数発見し，それら層の微量元素濃度や同位体の特徴などから，巨大隕石が衝突したと結論づけた．彼らはこのような巨大隕石の衝突がきっかけとなって，現在の地球におけるプレートテクトニクス（本章コラム参照）が始まったのではないかと考えている．

もう1つは酸素発生型光合成細菌の出現である．光合成とは光エネルギーを用いて二酸化炭素と水から有機物を生成する作用である．酸素を発生するタイプと，より原始的な酸素を発生しないタイプがある．前者は小さな藻類から大木のセコイアまで，いわゆる植物が広く有する機能であり，それによって大気中の酸素濃度が21％に保たれている．光合成が行われるのは葉緑体という細胞小器官である．この葉緑体の起源と考えられているのが酸素発生型光合成細菌であるシアノバクテリア（らん藻とも呼ばれる）だ．現生のシアノバクテリアは実に様々な種類からなるが，その先祖のうちあるものが原始的な真核生物の細胞に取り込まれ，葉緑体に変化したとされている．シアノバクテリアの出現はそれまでの酸素に非常に乏しい地球環境を劇的に変化させるきっかけとなったわけなので，生命の発生に次ぐ地球生命史における重大イベントだと言ってもよいだろう．シアノバクテリアの正確な出現時期についてまだ特定はされていないが，太古代での出現を支持している研究者は分野を問わず多い[8, 9]．

Box 1　プレートテクトニクス

　プレートテクトニクスとは，地球の表面が複数の固い岩盤で覆われ，それらが互いに離れたり，すれ違ったり，ぶつかったりすることで，地震，火山，大陸の移動や造山運動などが引き起こされる，という理論のことだ．1960年代後半に発展し，現在ではほぼ通説となっている．地球は表層から地殻，マントル，核に分けられる．そこで，地殻＝プレートと思われがちだが，これは誤解である（図1.8）．地殻とマントルの境界はモホロビッチの不連続面と呼ばれ，地震波の伝達速度が急に大きくなるところであり，構成する岩石の種類も地殻下部の玄武岩から，よりケイ素に乏しくマグネシウムに富むカンラン岩に変化する．プレートはリソスフェアとも呼ばれ，一般には地殻とマントル

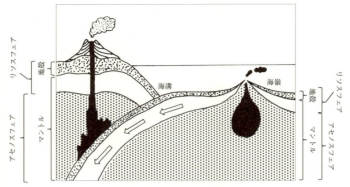

図1.8 プレートテクトニクスの模式図

マントルにおけるマグマの生成とそれに伴う火山活動は、海嶺と沈み込み帯で活発に起こる。海洋部のプレート（リソスフェア）の密度はその下のアセノスフェアより大きい。（Skinner and Porter (1992)[10]をもとに作成。）

上部を含めた60〜100 kmの厚さの部分に対応する。プレートは硬い岩盤だが、その下には100〜200 kmの厚さの"柔らかく流動性に富む"アセノスフェアが存在する。海洋部分のプレートは玄武岩質の地殻とカンラン岩質のマントルからなり、総体としてその下のアセノスフェアよりも重い。だから沈み込むのである。海洋プレートが（海溝で）沈み込めばその分どこかでプレートの不足が生じ、引き裂かれることになる（ピザ生地を皿の上において両側から引っ張れば避けるのと同じ）。この引き裂かれた場所が海嶺に相当する。海嶺では活発なマグマ活動が起こっているが、「マグマのわき出しによってプレートが両側に押し広げられているのではなく、プレートが海嶺を軸として離れて行っているため、そこでマグマが生成しやすくなっているだけなのだ……」とかつて読んだ本には書いてあったが、そう単純ではないようだ。海洋開発研究機構の小平秀一らは、海嶺付近のプレートの動きはむしろマントル流動によって駆動されているらしいことを発見した[11]。「プレート運動の原動力は何か」という根本的な問題の解決はま

だ時間がかかりそうである.

引用文献

1) Bowring, S.A., Williams, I.S. (1999) Priscoan (4.00-4.03 Ga) orthogneisses from northwestern Canada. *Contrib. Mineral. Petrol.*, **134**, 3-16.
2) O'Neil, J. *et al.* (2008) Neodymium-142 evidence for Hadean mafic crust. *Science*, **321**, 1828-1831.
3) Schopf, J.W. (1993) Microfossils of the Early Archean Apex Chert: New evidence of the antiquity of life. *Science*, **260**, 640-646.
4) Ueno, Y. *et al.* (2001) Carbon isotopic signatures of individual Archean microfossils (?) from Western Australia. *Int. Geol. Rev.*, **43**, 196-212.
5) Walsh, M.M. (1992) Microfossils and possible microfossils from the Early Archean Onverwacht Group, Barberton Mountain Land, South Africa. *Precambrian Res.*, **54**, 271-293.
6) Gomes, R. *et al.* (2005) Origin of the cataclysmic Late Heavy Bombardment period of the terrestrial planets. *Nature*, **435**, 466-469.
7) Lowe, D.R. *et al.* (2014) Recently discovered 3.42-3.23 Ga impact layers, Barberton Belt, South Africa: 3.8 Ga detrital zircons, Archean impact history, and tectonic implications. *Geology*, **42**, 747-750.
8) Schirrmeister, B.E. *et al.* (2013) Evolution of multicellularity coincided with increased diversification of cyanobacteria and the Great Oxidation Event. *Proc. Nat. Sci. USA.*, **110**, 1791-1796.
9) Buick, R. (2008) When did oxygenic photosynthesis evolve? *Phil. Trans. Roy. Soc.*, **B363**, 2731-2743.
10) Skinner, B.J., Porter, S.C. (1992) *The Dynamic Earth——an introduction to physical geology 2nd. ed.* John Wiley & Sons.

11) Kodaira, S. *et al.* (2014) Seismological evidence of mantle flow driving plate motions at a palaeo-spreading centre. *Nature Geo.*, **7**, 371-375.

② 太古代の生命痕跡──その1

ガンフリント・チャートが扉を開けた先カンブリア古生物学

　ガンフリント・チャートと呼ばれる北米のスペリオル湖畔に分布する約19億年前の地層がある．このチャート（微細な石英からなる岩石で，詳しくはコラム参照）の中に含まれる多様な微化石は1965年に米国のS.A. タイラーとE. バーグホーン，そしてP. クラウドによって詳しく記載され（最初の報告は1954年である）[1]，大きな反響を呼んだ[2,3]．まだ先カンブリア時代に化石があることが知られていない時代である．

　手元にガンフリント・チャートの実物があるので，じっくり見てみたい．その試料は黒い部分と緑っぽい部分が混ざり合っている．黒い部分はチャート質で細かな黒褐色の縞模様がある．この縞模様を葉理（ラミネーション）と呼ぶ．縞模様の暗色は炭素粒子の色だ．このチャートを削りだしてガラススライドに貼り付け，30-40 μm 程度にまで薄くしていく．すると光が透過し，その中に

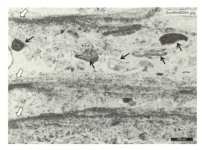

図 2.1　約 19 億年前のガンフリント・チャート
微化石を含む有機物粒子が濃集している薄層（白い矢印）とそれらに挟まれた岩片などの砕屑粒子（黒い矢印）．

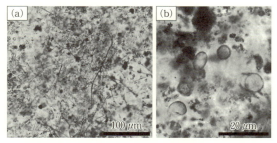

図 2.2　ガンフリント・チャートの有機質ラミナの拡大写真
図 2.1 の薄層（ラミナ）を拡大すると径 1～2 μm の繊維状微化石がからまりあっているのがわかり (a)．さらに拡大すると多数の球状化石が現れる (b)．

閉じ込められた様々な構造を顕微鏡で観察できるようになる（**図 2.1**）．倍率を 200 倍に上げてみると，繊維状と球状の物体がぎっしりと詰まっている場所も確認できる（**図 2.2**a）．これらの物体は茶褐色なので有機物でできていること，そして熱による変成をあまり受けていないことがわかる（熱を受けると黒くなっていく）．さらに倍率を上げて 400 倍，そして 1000 倍にしてみる．繊維状と球状の構造の詳細が手に取るようにわかる．繊維状構造は直径が数 μm

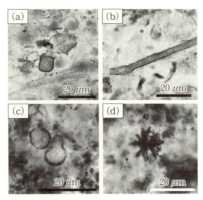

図 2.3　多様なガンフリント・チャート微化石
単純な球体や繊維状微化石の他にも様々な形態の微化石がガンフリント・チャートには含まれる．(a) たる状の本体からアメーバ状の突起が出ているもの．(b) 直径が 5 μ 近い，大型の繊維状化石．(c) 出芽中（？）の球状化石．(d) 不思議な放射状の形態が特徴的な微化石．形態の多様さは当時の微生物生態系における種多様性を示唆している．

程度の細いものが多く，長さは数百 μm に達するものもある．繊維状構造は曲がったり，うねったり，絡み合ったりしている．球状構造は中空で直径が数 μm から十数 μm である．小さいもののほうが圧倒的に多い．大きめの球状構造をよく見ると，茶褐色の膜が破れたり，曲がったりしている（図 2.2b）．また小さな球体から傘のような突起物が出ているもの，太い（直径 = 5 μm）中空の繊維状のもの，出芽しているように見える球体，そして奇妙な放射状の形態を有するものなど（**図 2.3**a-d）も見つかる．非常に多様である．この発見は多くの研究者を先カンブリア時代の化石探索へと向かわせた．

38 億年前のイースト菌？

　ガンフリント・チャートの微化石群の発見によって幕が切って落

図 2.4 グリーンランドのイスア緑色岩帯,約 38 億年前の地層から報告された"偽化石"

全長 100 μm 近くあり,"巨大"である.(Pflug (1978) Fig.4 をもとに作成.)

とされた先カンブリア時代の化石研究はその後どう展開したのだろうか? より古い時代の地層から化石を発見し科学史に名前を残そうとするのは研究者としては当然である.ところがつい先走った結論に達することも少なくなかった.1つの例は,デンマーク領グリーンランドの 38 億年前の地層(イスア緑色岩帯)に真核生物であるイースト菌に似た微化石を見つけた,というものである.イースト菌様の化石とされたものは,1970 年代に H.D. フルグ(ユストゥス・リービッヒ大学)によって報告された[4].それらには差し渡し 80 μm でひょうたんのような形をし,微生物の増殖様式の1つ「出芽」に似ているような形態や内部にまるで細胞核のような小さな球体を有するものもあった(**図 2.4**).

この報告には反論が寄せられている[5,6].イスア緑色岩帯は強い変成作用や交代作用と呼ばれる二次的な変化を受けている.これらの作用によって鉱物が分解されたり,初生的な構造が壊されたり,あるいはそれまでなかった構造が作られたり,様々な変化が起こる.もともと低い温度で形成された堆積岩に含まれていた微化石が,強い変成作用に耐えて"生き残れる"可能性は低い.38 億年前の微化石に対する反論はおおむねこのような視点からのものだった.また同様な形態の構造は流体包有物のように非生物的にもできる,という疑念も示された.流体包有物 "Fluid Inclusion"(フルイド・インクルージョン)とは,鉱物ができるときにその中に液体

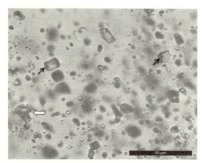

図 2.5 約 30 億年前チャートに発達する石英脈に含まれる流体包有物
立方体状のものが多く，しばしば気泡が入っている（黒い矢印）．中には複雑な形態のものもある（白い矢印）．

やガスが閉じ込められたものだ．図 2.5 は約 30 億年前の石英に含まれる流体包有物である．球状に見えるものは泡であり，1 つの流体包有物の中に液体と気体が同居している．顕微鏡で観察していると，気相の泡がプルプル震えているのをみることができる．ブラウン運動によるものだ．多くの包有物は幾何学的外形をしているが，中には丸っぽいものや，ひょうたん型のものも見える．ちゃんとした知識がない場合，そのような包有物を微化石と見誤ることもありうるだろう．フルグは 2001 年の『プレカンブリアン研究』で太古代の微化石様構造に関するレビュー論文を書いており，その中であらためてイスアにおける微化石の存在を論じている[7]．それに対してデンマーク・グリーンランド地質調査所の P.W.U. アペルらは現地調査を行いその可能性を否定する論文を発表している[8]．論争は続いている，ということだ．

エイペクス・チャート論争

カリフォルニア大学ロサンゼルス校 (UCLA) の J.W. ショップ

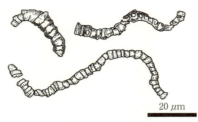

図 2.6 エイペクス・チャート（ピルバラ地塊の約 35 億年前の地層）に含まれるとされる，繊維状の化石
樽をつなげたような形状をしており，現生シアノバクテリアの仲間に似ている．(Schopf (1993) Fig.4 をもとに作成．)

は，西オーストラリア・ピルバラ地塊のエイペクス・チャートという約 35 億年前の岩体からシアノバクテリア（第 1 章参照）らしき微化石を報告した（**図 2.6**）．1993 年の『サイエンス』である[9]．生命の発生が 40 億年前とすれば，"たった 5 億年" で酸素発生型光合成の機能を獲得した生物が現れた！？　と多くの人々は驚いた．ところが約 10 年後，この「世紀の大発見」に対してオックスフォード大学の古生物学者 M. ブレイジャーが痛烈な批判をあびせかける[10]．エイペクス・チャートの薄片がロンドン自然史博物館に所蔵されており，それを見たブレイジャーはショップの解釈に疑問を感じたのだ．問題の微化石様構造は寸詰まりの樽のような形をした細胞が何個も連なり全体として糸状の群体（糸状体）をつくるシアノバクテリアの中でも大型になるオシラトリア属と解釈されていたが，このグループの糸状体は枝分かれしないはずであった．しかしエイペクス・チャートの化石を詳しく調べると枝分かれしているように見えるものもある．また微化石様構造の形態がそのすぐ近くにある鉱物の形に影響を受けているようにも見えた．ブレイジャーとその共同研究者は真偽を確かめるべく化石採取地点の再調査を行った．ショップは他の研究者の報告に基づいて化石が産出した岩体が

堆積岩であり，浅い海でできたものと説明していた．ところがブレイジャーらは，化石が産出したとされる岩体が火成岩である玄武岩に貫入しているチャート岩脈であることに気付いたのだった．太古代には微細な石英結晶からなるチャートという岩石が多いことが誤解を生む原因だったのかもしれない．岩脈は高温高圧の流体が岩石の割れ目に侵入し形成される．したがってその環境は生物が生息できるようなものではない．ブレイジャーたちが次に着目したのは，エイペクス・チャートには炭酸塩鉱物などの結晶成長にともなって有機物粒子が移動した証拠が残されていたことだ．そしてブレイジャーたちは，ショップがシアノバクテリア様化石としたものは有機物の微粒子が移動・凝集してできた可能性が高いと断じた[10]．一方ショップはエイペクス・チャートが岩脈であることは受け入れつつも「世界最古の微化石は偽物」という批判に対して猛然と反論した[11,12]．ここで述べた論争は，『ネイチャー』にブレイジャーの主張とそれに対するショップの反論という形で掲載されているが，次号にこの論争を面白おかしく解説した記事が載っており[13]，『ネイチャー』の商業主義の一面が垣間見えて興味深い．

　この一件は世界最古の微化石の真偽という問題だけでなく，太古代微化石研究それ自体への懐疑を引き起こすものであった．そのムードを牽引したのがブレイジャーであり，彼は太古代微化石に対する「帰無仮説」の適用を主張した．この場合の「帰無仮説」とは，問題となる微化石様の構造を作りうる非生物的なプロセスの可能性をすべて否定できなければ，それは微化石とは認められないというものだ．この主張には大きな矛盾がある．なぜなら一般的な現代科学の概念から言えば，生物とは無数の非生物的プロセスの集まりであるからだ．

　このエイペクス・チャートの微化石に関する論争は当事者以外の

研究者を巻き込んで，賛否入り乱れた．このチャートに含まれる有機物の化学的特徴からそれが生物起源であることを示した論文から，鉱物の種類と産状からこのチャートが繰り返し被った変質イベントを明らかにし，微化石が保存されている可能性が低いことを主張する論文まで，そのアプローチは多岐にわたる[14-16]．実は本書を執筆中，ブレイジャーたちの最新論文が『米国アカデミー紀要』に発表された[17]．彼らは最新の手法（収束イオンビーム＋走査型／透過電子顕微鏡観察）を駆使して詳しく観察し，エイペクス・チャートの「微化石」が有機物でなく層状ケイ酸鉱物からできている——すなわち化石ではない——と再度結論づけた．これに対してショップはどのように反論するのだろうか？ ただもうブレイジャーはこの世にはいない．彼は 2014 年のクリスマス前に不慮の事故に会い亡くなっている．ご冥福を祈りたい．

Box 2 チャート

この本では何種類かの岩石の名前が出てくるが，そのうち最も出番が多いのは，微細な（十数 μm 以下）石英 (SiO_2) が主成分の堆積岩「チャート」である（**図 2.7**）．現在の海洋底に見られる，珪藻や放散虫という単細胞生物のオパール ($SiO_2 \cdot nH_2O$) 骨格が主成分の軟泥に由来する生物起源のもの，溶存シリカ（オルトケイ酸：H_4SiO_4 など）に富む温泉水・熱水から化学的に沈殿したもの，あるいはシリカに富む塩湖における蒸発沈殿でできたものなど，その起源は様々だ（**図 2.8**）．さらに石英やオパールを含まない堆積物や堆積岩，そして場合によっては火成岩にシリカに富む溶液が染み込んでゆき，微細な石英粒子に置き換わる「珪化作用」の結果できたものもある．オパール骨格をもつような高等な生物の出現はもっと後の時代になってからだ．したがって太古代のみならず原生代のチャートは化学的沈殿，蒸発沈殿，あるいは珪化作用によって形成されたものである．微化石のような構

② 太古代の生命痕跡——その1　23

図2.7 ピルバラ地塊の太古代チャートを代表するマーブルバー・チャート（エイペクス・チャートの近くにある）
赤，白，灰，黒色など様々な色のチャートの互層だが，黒色チャートはしばしば赤や白の層に入り込んだ岩脈として産する（矢印）．→ 口絵2参照．

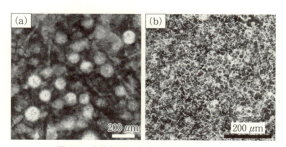

図2.8　生物起源と非生物起源のチャート
(a) 生物遺骸起源の放散虫チャート（約2億5千万年前）の顕微鏡写真．岐阜県各務原市の木曽川河畔の露頭より採取した赤色のもので，大量の丸い放散虫（原生動物の一種でオパール（$SiO_2 \cdot nH_2O$）の骨格をもつ）化石が粘土粒子や微細な赤鉄鉱粒子からなるマトリクスに含まれる．細い棒状のものは海綿骨針であり，これも石英でできている．(b) 化学的沈殿と珪化作用によってできたと考えられるマーブルバー・チャート（図2.7参照）のうち赤色のものの顕微鏡写真．10〜数十μmの不定形の粒状構造は微細な赤鉄鉱粒子の集合体である．

造を含む場合,その太古代チャートが化学的/蒸発沈殿か,あるいは珪化作用で形成されたのかが,重要なポイントになる.後者の場合,微化石様構造が交代作用を耐え抜いて残ったことを証明できなければ,それが生物起源であると主張しても信じる人は少ないだろう.

引用文献

1) Tyler, S.A., Barghoorn, E.S. (1954) Occurrence of structurally preserved plants in Pre-Cambrian rocks of the Canadian Shield. *Science*, **119**, 606-608.

2) Barghoorn, E.S., Tyler, S.A. (1965) Microorganisms form the Gunflint Chert. *Science*, **147**, 563-577.

3) Cloud Jr., P.E. (1965) Significance of the Gunflint (Precambrian) microflora. *Science*, **148**, 27-35.

4) Pflug, H.D. (1978) Yeast-like microfossils detected in oldest sediments of the earth. *Naturwissenschaften*, **65**, 611-615.

5) Bridgwater, D. *et al.* (1981) Microfossil-like objects from the Archean of Greenland——A cautionary note. *Nature*, **289**, 51-53.

6) Roedder, E. (1981) Are the 3,800-Myr-old Isua objects microfossils, limonite-stained fluid inclusions, or neither? *Nature*, **293**, 459-462.

7) Pflug, H.D. (2001) Earliest organic evolution. Essay to the memory of Bartholomew Nagy. *Precambrian Res.*, **106**, 79-91.

8) Appel, P.W.U. *et al.* (2003) Isuasphaera isua (Pflug) revisited. *Precambrian Res.*, **126**, 309-312.

9) Schopf, J.W. (1993) Microfossils of the Early Archean Apex Chert: New evidence of the antiquity of life. *Science*, **260**, 640-646.

10) Brasier, M.D. *et al.* (2002) Questioning the evidence for Earth's oldest fossils. *Nature*, **416**, 76-81.

11) Schopf, J.W. *et al.* (2002) Laser-Raman imagery of Earth's earliest

fossils. *Nature*, **416**, 73-76.

12) Schopf, J.W., Kudryavtsev, A.B. (2012) Biogenicity of Earth's earliest fossils: a resolution of the controversy. *Gondwana Res.*, **22**, 761-771.

13) Dalton, R. (2002) Microfossils: Squaring up over ancient life. *Nature*, **417**, 782-784.

14) Pinti, D.L. *et al.* (2009) Hydrothermal alteration and microfossil artefacts of the 3,465-million-year-old Apex chert. *Nature Geo.*, **2**, 640-643.

15) Marshall, C.P. *et al.* (2011) Haematite pseudomicrofossils present in the 3.5-billion-year-old Apex Chert. *Nature Geo.*, **4**, 240-243.

16) De Gregorio, B.T. *et al.* (2009) Biogenic origin for Earth's oldest putative microfossils. *Geology*, **37**, 631-634.

17) Brasier, M.D. *et al.* (2015) Changing the picture of Earth's earliest fossils (3.5-1.9 Ga) with new approaches and new discoveries. *Proc. Natl. Acad. Sci. USA*, **112**, 4859-4864.

③

太古代の生命痕跡——その2

ストロマトライトとは

 太古代の生命を語るうえで「ストロマトライト」は避けて通れない．ストロマトライトというと，キノコのように柱状で上部が出張った構造を思い浮かべがちだ．しかしストロマトライト研究の先駆者の1人である M. ウォルター（オーストラリア宇宙生物学センター）が1976年の著書の中で言及した定義は，『ストロマトライトとは石化した，生物起源の堆積物がつくる構造のことであり，微生物の直接的な影響あるいは活発な分泌活動のもと，炭酸塩鉱物の沈殿や粒子の捕捉によってラミナ（葉理）が形成され成長した構造である』（著者訳)[1]である．キノコ状でなくても別に構わない．事実様々な形態のものがストロマトライトとして報告されており，平板状，分岐するもの，コーン状，そしてサイズでは数 m に達するものもある．ストロマトライトは35億年前の地層からも産出するが，27億年前頃から大量に見つかるようになる．その後形態の多様性

は増していくが,原生代末期になると産出量も多様性も減る[2]).

　ストロマトライトは先カンブリア時代の生命進化と地球環境の変遷を考えるうえで非常に重要だ.なぜならそれは光合成細菌により作られたものと一般には考えられており,特に27億年以降に出現するストロマトライトはシアノバクテリア（酸素発生型光合成細菌）により作られた可能性が高いからである.このストロマトライトは現在では限られた地域にしか見られない.最も有名なのは西オーストラリア州の北西部,インド洋につながった細長い入り江であるシャーク・ベイの奥に位置するハメリン・プールで,世界遺産に登録されている（**図 3.1**）.長径が数十 cm から 1 m 程度で高さが数 cm から数十 cm の枕状からずんぐりした構造物が波打ち際から沖合に向かって広がっている.筆者がハメリン・プールにいったのはもうずいぶん前である.まだ世界遺産になっておらず,潮が引いているところでは直接ストロマトライトに触ることができた.表面

図 3.1　シャーク・ベイの現生ストロマトライト
乾いた表面は硬いが,濡れていると柔らかく水を吸ったマットのようである.

はでこぼこし黒ずんでいるが，側面はやや茶色っぽい．一見すると岩のように見えるが，触ってみると柔らかく水をたっぷり含んだ古いカーペットのような感触である．この中に数えきれないほどの微生物が生息しているとはにわかには信じがたい．数十cm以上にも達するストロマトライトがどのように構築されていくのかまだよくわかっていないが，下記のようなメカニズムがよく紹介される[3]．ストロマトライトを作るとされている微生物はシアノバクテリアの一種で，球状あるいは寸詰まりの樽状の細胞が数珠状に連なった糸状体と呼ばれる群体を形成する（図3.2）．オシラトリア属とアナベナ属が代表的であるが，1つひとつの細胞が分裂を繰り返すことでこの糸状体は長く伸びていく．粘質の鞘を持つもの，運動能力を有するもの，さらには細胞が分化し，大気中から窒素を取り込んでアンモニアに変換する異質細胞や休眠胞子を形成し，初期の多細胞化をほうふつとさせるものなど多様である（図3.3）．このようにシアノバクテリア糸状体が増殖し，その塊が肥大すると，その内部には

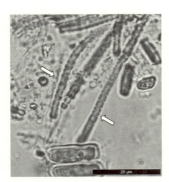

図3.2 どこにでもいるシアノバクテリア

研究室の水槽の水草（模造品）が茶色になっていたので，その表面をこそげて顕微鏡で見るとやはりシアノバクテリア（矢印）が見つかった．オシラトリア属の一種と考えられる．その下には珪藻も見られる．

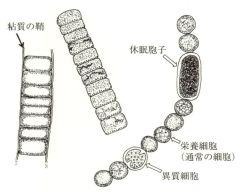

図3.3 フィラメント状のシアノバクテリア
左から,粘質の鞘が特徴的なリングビア属,鞘をもたないオシラトリア属,そして分化した細胞をもつオシラトリア属.異質細胞では窒素固定が行われる(第6章参照).

だんだん光が届かなくなる.そうすると内部のシアノバクテリアは死んでしまう.すなわちシアノバクテリア糸状体は太陽の光が十分得られる表層部で成長しつつ,さらに光を求めて上へ上へと伸びていく.このようなプロセスで長い年月をかけてストロマトライトが形成される(**図 3.4**).またシアノバクテリアをはじめとする微生物は細胞外に粘着性の高い物質を分泌することが多い.この粘着物質は波で巻き上げられた砂粒を捕捉・固定し,またストロマトライトの内部では光が当たらなくなって死滅した微生物の分解が引き金となって炭酸カルシウムなどの鉱物が析出する.このような無機物質もストロマトライトを構成する重要な成分である.

化石ストロマトライトの存在は100年以上前から知られていたが,当初からそれが生物起源かどうかについて相当の議論があった.生物起源と言われながらもその中に化石が見つけられたことはほとんどない.生物の化学的痕跡である有機物粒子が含まれる場合もあるが,ほとんどの場合炭酸塩鉱物の方解石($CaCO_3$)やドロマ

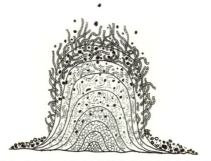

図3.4 ストロマトライトの形成プロセスのイメージ図
光の透過しない内部ではシアノバクテリアは徐々に分解される．その分解に伴って炭酸塩鉱物が形成され，結晶が成長することでもともとの微細なラミナが破壊される．(Gebelein (1969) などをもとに作成．)

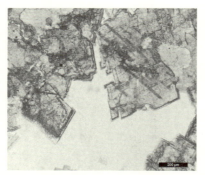

図3.5 ストロマトライトにしばしば含まれる，炭酸塩鉱物の大型結晶
有機物に富む黒色チャートの一部に形成されていたもの．さしわたし数百 μm に達する．このような鉱物の成長により有機物のラミナが破壊される．透明部は石英．

イト（$CaMg(CO_3)_2$）からできている（**図 3.5**）．これらの鉱物はストロマトライト内部に析出した炭酸塩が再結晶してできる．ストロマトライトの中に微化石が含まれないのはこれらの結晶が成長する際に微生物の細胞を破壊したか，あるいは微生物が死後急速に分解

したためであると考えられている.

太古代ストロマトライトをめぐる論争

　太古代のストロマトライト記録についても様々なドラマがあった.西オーストラリア・ピルバラ地塊のスティルリー・プール層（約34億年前）のストロマトライトは，D.ロウ（前出）が1980年に最初に報告し[4]，その詳しい記載はマギル大学のH.ホフマン（故人）らによって1999年に行われた[5]．もちろん彼らはストロマトライトが生物起源である，あるいはその可能性が高いと結論づけている．一方，同様の構造が無機的なプロセスによってもできることが示されるなど[6]，太古代ストロマライトが生物起源であるという主張に対して懐疑的な研究者も少なくなかったようだ．ロウ自身も1994年の論文で，ストロマトライト構造の一部は非生物起源の可能性が高いと自身の見解を修正している[7]．正確を期すと，彼はスティルリー・プール層よりも若干古い地層からもストロマトライトを報告したのだが，それらは縞状の堆積物がしゅう曲することによって形成されたものだと再解釈したのだ．そして32億年前以降のストロマトライトは生物起源性が高いが，それ以前は疑わしいと結論づけた．当然この見解は大きな波紋を引き起こし，ストロマトライトの起源を巡って，肯定論と懐疑論が入り乱れることになる.

　このストロマトライト論争の膠着状態は2006年に破られた．その年A.アルウッド（NASA・ジェット推進研究所／オーストラリア宇宙生物学センター）らによってスティルリー・プール層のストロマトライトが生物起源であるという論文が『ネイチャー』に掲載された[8]（**図3.6**）．いったいどのようにして太古代ストロマトライトの起源に挑んだのだろうか？　彼女達はスティルリー・プール層を丹念に数kmにわたって調査し，形態の異なる7種類のストロマ

図 3.6　ピルバラ地塊の代表的ストロマトライト露頭「トレンドール露頭」
炭酸塩鉱物でできている．パノラマ緑色岩帯のスティルリー・プール層（約 34 億年前）．

トライトが存在することを明らかにしたのである．地層はそもそも海底や湖底に砂や泥，あるいはプランクトンの遺骸や化学的に析出した鉱物が堆積してできる．湖にしても海にしても陸地から沖側に進むにつれ，その環境は変化する．潮の干満の影響を受ける干潟から，波の影響を受けない深いところまで様々である．そのような環境の変化に対応して，それぞれの場所に異なる生物群集が生息し，同じ生物でもその生活様式や形態が変化する．このような環境変化への応答は現生のストロマトライトや新しい時代の生物起源性が明らかなストロマトライトにも見られる[9]．たとえば現生のストロマトライトはそれらが生育する場所の水深や波の強さによって形状が変化する．水深が浅く波の弱い所では平坦で単調な縞状になるが，水深が深くなるとドーム状になってくる．これはストロマトライトが光合成をする微生物によって作られているからだ．スティルリー・プール層の 7 種類のストロマトライトも同じ枠組みで解釈可能である．すなわち堆積環境の変化に対応してストロマトライトの構造が系統的に変化しているようにみえる．ストロマトライト構造

が無機的なプロセスでできたのであれば、このような環境変化に対応した形態変化は見られないはずだ、というのがアルウッドたちの議論の骨子の1つであり、34億年前にすでにストロマトライトの岩礁帯（リーフ）が発達していたと主張した．

見事なロジックだと思う……．それにしてもめんどくさい話だ．スティルリー・プール層のストロマトライトが本物だとすれば、それはもともと微生物の塊であり、有機物がたくさん含まれていたはずである．にもかかわらず有機物（炭質物）がほとんど含まれていないので、こういうややこしいことになるのである．一方筆者は、アルウッドたちが調べたのとは別の地点のスティルリー・プール層においてチャート質で有機物を多く含んだストロマトライトを発見したので、それについて次節で紹介したい．

有機質の薄層を残したストロマトライトの発見

そのストロマトライトが見つかったのは、ピルバラ地塊北東部のゴールズワージー緑色岩帯の Waterfall Locality（ウォーターフォール露頭）と筆者が呼んでいる地点だ．この地点は34億年前の微化石を発見したところでもあるが、それについては後に詳しく述べたい．そもそもここでスティルリー・プール層を調べようと考えたのは、微化石を探索するためであった．この地点のスティルリー・プール層は60 mほどの砂岩層であり、その中に2〜3 mの厚さのチャート層が5枚ほど含まれる．砂岩層には粗粒な火山噴出物や火山岩片が多く含まれている．われわれが最上位に位置するチャート層を詳しく調査した際、ある地点で地層上面に団子状〜円錐状のストロマトライト構造が認められた（**図 3.7**）[10]．そのこと自体は珍しいことではない．なぜならスティルリー・プール層では前出のアルウッ

図 3.7 筆者が見つけたスティルリー・プール層のストロマトライト(ゴールズワージー緑色岩帯)

地層の上面が見えている．→口絵3参照．

ドたちが調べた露頭の他にも多くの地点でストロマトライトが報告されているからだ．ちなみに最初に確認したそれらのストロマトライトは強い珪化作用を受け，炭酸塩鉱物や有機物は残っていないようであった．ところが団子状〜円錐状構造から100 mほど離れた地点から採取した5 cmほどの厚さの"層状の黒色チャート"を薄片にするために切断した面を見て筆者は驚いた．そこにはくっきりと非常に微細な黒色のラミナ(葉理)からなるこぶ状の構造が現れたのである(**図 3.8**)．こぶ状構造は基部の幅が2 cmに対して頂部は4 cm，頭でっかちでかつ頂部がへこんでおり，上に向かって成長しつつ枝分かれしているように見えた．またそのとなりに小さな円錐状の構造も認められた．これらの構造の間の凹部は砂粒によって埋められている．この砂粒は珪化した炭酸塩堆積物の砂粒であった．ラミナが黒色ということは有機物が含まれている可能性が高い．ラマン分光分析を行うと，やはりラミナには有機物が濃集していた．よく観察すると1 μmに満たない微小な粒状の構造や繊維状の構造をしている部分もある(**図 3.9**)．これらの有機物の炭素同位

③ 太古代の生命痕跡——その2　35

図 3.8　スティルリー・プール層のストロマトライトの断面研磨図
微細な有機質のラミナが残されている．

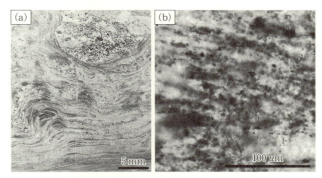

図 3.9　ストロマトライト（図 3.8）の顕微鏡写真
(a) 微細な有機質のラミナが凸状構造を形成している．炭素の同位体組成（δ^{13}C）は -27‰ であった　(b) 有機質のラミナの拡大図．微小な炭質物の塊が不連続な繊維状構造を形成している．

体比（本章コラム参照）を分析すると，δ^{13}C 値が -27‰（千分率，パーミルと呼ぶ）前後の生物起源の軽い値を示した．この値は同じ地点で見つかった微化石を含むチャートに含まれる有機物の同位体比（-33〜-35‰）に比べると有意に重い——ということは違う種類の生物に由来する可能性が高い！　いずれにせよ全体的な形状，組

成，細部の特徴，どの観点からも生物起源の堆積物「ストロマトライト」であることに疑いを挟む余地はない[10]．ではなぜこのような初生的な特徴が残されたのだろうか？ おそらくストロマトライトを構築した微生物が分解し始め炭酸塩鉱物が析出する前に，急速に珪化作用を受けた結果，初生的な構造が残されたものと思われる．自分で言うのも何だが，同時代の狭義の（すなわち瘤状～円錐状の）ストロマトライトとされるもので有機物を濃集したラミナが残されているものが数えるほどしかないことを考えると貴重な標本である．

Box 3　炭素の同位体比と有機物の起源

　原子番号6の炭素の質量数は？ と尋ねられたら，12と答えればとりあえずは正解だが，実際はそれ以外に質量数13と14の炭素も存在する．最も多く99%を占めるのが質量数12のもの，残りの1%が質量数13の炭素である．質量数14の炭素は非常に少なく，かつ放射性である．この放射性炭素は年代測定，特に考古学分野がターゲットにするような数万年前までの新しい時代の年代決定によく用いられる．

　生物には独立栄養生物（詳しくは後述）と呼ばれる無機物の二酸化炭素と水，そしてなにがしかのエネルギー（たとえば光エネルギー）を用いて有機物を作るグループがいる．これらの生物は軽い炭素，質量数12の炭素を好んで有機物の合成に使う．結果的にその生物の体は大気中の二酸化炭素や水中に溶けた炭酸に比べて同位体比が軽くなる（これを同位体分別という）．どれほど軽いかあるいは重いかを評価するために，共通の基準（標準物質）を設けて比較することになっている．その標準物質はベレムナイトという白亜紀末に絶滅したイカがもっていた石灰質の殻である．その殻の炭素同位体比（$CaCO_3$に含まれるCの$^{13}C/^{12}C$比）を標準として用いる．次の式に示すように，この標準値との差を標準値で割って千分率としたものがいわゆる炭素同位体組成と呼ばれるものになる．

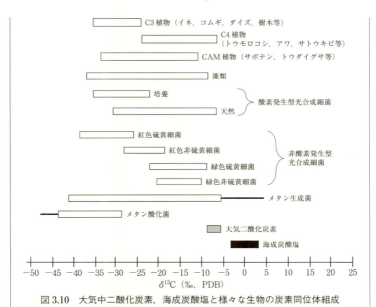

図 3.10 大気中二酸化炭素,海成炭酸塩と様々な生物の炭素同位体組成

$$\delta^{13}\mathrm{C}(\permil) = \left\{ \frac{[(^{13}\mathrm{C}/^{12}\mathrm{C})_{試料} - (^{13}\mathrm{C}/^{12}\mathrm{C})_{標準物質}]}{(^{13}\mathrm{C}/^{12}\mathrm{C})_{標準物質}} \right\} \times 1000$$

 図 3.10 のように生物種類によって同位体組成は異なるが,同じグループ内でもかなりの幅があることに注意する必要がある.太古代の岩石中から有機物を抽出・精製しその同位体組成を得たとする.その結果 $-5\permil$ 程度であれば生物起源性は疑わしいが,$-20\permil$ より軽ければ生物起源と考えてよいだろう.太古代の有機物は $-30\permil$ 程度の炭素同位体組成を持つことが多いが,その値からどんな生物に由来するのか論じることは難しい.一方 $-50\permil$ のような極端に軽い値を有する場合,メタン細菌起源の有機物である可能性は高くなる.一方,コロラド大学の T.M. マッカラムらは,実験的に有機酸の一種と金属鉄を高温

下で反応させてメタン,エタンやプロパンなど様々な有機物,しかも-40〜-50‰という軽い同位体組成を有するものを作成している[11]. ということは十分軽い同位体組成を有する有機物が見つかったとしても,それがただちに生物起源だとは言えないことになる. 同位体的に軽い有機物が存在するだけでは不十分であり,その有機物がどのように存在するか(細胞状の構造を形作っているとか,ストロマトライト状になっているとか)が生物起源を厳密に論じるうえで重要になってくるのだ.

引用文献

1) Walter, M.R. ed. (1976) *Stromatolites Development in Sedimentology*, Vol. 20, Elsevier, Amsterdam.
2) Walter, M.R., Hayes, G.R. (1985) Links between the rise of the Metazoa and the decline of stromatolites. *Precambrian Res.*, **29**, 149-174.
3) Gebelein, C.D. (1969) Distribution, morphology, and accretion rate of recent subtidal algal stromatolites, Bermuda. *Jour. Sed. Petrol.*, **39**, 49-69.
4) Lowe, D.R. (1980) Stromatolites 3,400-Myr old from the Archean of Western Australia. *Nature*, **284**, 441-443.
5) Hofmann, H.J. *et al.* (1999) Origin of 3.45 Ga coniform stromatolites in Warrawoona Group, Western Australia. *Geol. Soc. Am. Bull.*, **111**, 1256-1262.
6) Grotzinger, J.P., Rothman, D.H. (1996) An abiotic model for stromatolite morphogenesis. *Nature*, **383**, 423-425.
7) Lowe, D.R. (1994) Abiological origin of described stromatolites older than 3.2 Ga. *Geology*, **22**, 387-390.
8) Allwood, A.C. *et al.* (2006) Stromatolite reef from the Early Archaean era of Australia. *Nature*, **441**, 714-718.

9) Grotzinger, J.P. (1986) Cyclicity and paleoenvironmental dynamics, Rocknest platform, northwest Canada. *Geological Society of America Bulletin*, **97**, 1208-1231.
10) Sugitani, K. *et al.* (2015) A Paleoarchean coastal hydrothermal field inhabited by diverse microbial communities: the Strelley Pool Formation, Pilbara Craton, Western Australia. *Geobiology*, **13**, 522-545.
11) McCollum, T.M., Seewald, J.S. (2006) Carbon isotope composition of organic compounds produced by abiotic synthesis under hydrothermal conditions. *Earth Planet. Sci. Lett.*, **243**, 74-84.

④

太古代の生命痕跡——その3

灼熱の「ノースポール」は太古代の中央海嶺か？

　34億年前のストロマトライトの生物起源性はほぼ確立されたとして，さらに古い生命の痕跡を探索してみよう．西オーストラリア・ピルバラ地塊には，灼熱の岩石砂漠にもかかわらずノースポール「北極」という皮肉な名前がつけられた場所がある．ここが有望なターゲットの1つだ．ピルバラの玄関口のポート・ヘッドランドから荒野を3時間ほど車で走ってやっとたどり着ける．へんぴなところだが，100年以上前から金をはじめとして様々な鉱物資源が採掘されてきた（**図 4.1**）．ここにはノースポール・ドームと呼ばれ，25 km×35 km のエリアを覆う，チャートと玄武岩からなる岩体が分布している．チャートはドレッサー層と呼ばれ，約35億年前に堆積した．またこの同心円状構造の中心には34.6億年前に形成された花崗岩質の岩体がある（**図 4.2**）[1]．

　ノースポール・ドームで注目されて来たのは玄武岩を貫く無数の

④ 太古代の生命痕跡——その3   41

図 4.1　ノースポール地域の片隅に放置された鉱石の採掘器具
何年前のものかわからないが，重厚な存在感がある．

図 4.2　ノースポール・ドームと呼ばれるドーム状構造
中心部には花崗岩質の岩体（星印）があり，その生成年代は 34.6 億年前である．ドレッサー層（D）の堆積年代は 34.8 億年前．V はチャートの岩脈（バライト：$BaSO_4$ を含む）を示す．白い矢印は地層の上位方向を示す．SPF はスティリー・プール層．
(Van Kranendonk *et al*. (2008) Fig.1, p.94 をもとに作成．)

チャート岩脈である．このチャート岩脈は海水が地下深くの高温の岩体と反応してできた熱水が海底に向かって上昇した通り道だと考えられている．シリカに富んだ熱水が海底下から海水中に吹き出し，温度の低下などによって微細なシリカの粒子が析出・沈殿して水平なチャート層を作るとともに，その通り道で岩脈チャートを形成した（**図 4.3**a）[2]．このチャート層と岩脈チャートにはしばしば有機物が含まれ[3]，バリウムの硫酸塩であるバライト（$BaSO_4$）も見られる（**図 4.3**b）．このノースポール地域のチャート層にも，スト

図4.3　ノースポール地域のチャート岩脈
(a) ノースポール・ドームの遠景．何本ものチャート岩脈が玄武岩層（植生に覆われている部分）を貫いている．上位の層状チャート（ドレッサー層）につながっている．
(b) チャート岩脈に見られるバライト結晶（白い鉱物）．いずれも M.J. ヴァンクラネンドンク博士の好意による．

図 4.4 ノースポール地域のドレッサー層に含まれるストロマトライト
強い珪化作用を受けており、チャート化している。ドームの高さは 5 cm 程度。→ 口絵 4 参照。

ロマトライト様の構造が報告されている[4]（図 4.4）。すでに述べたようにストロマトライトは光合成細菌によって形成されたと考えられるので、それが含まれる地層は少なくとも太陽の光が十分届く程度の水深であったことになる。一方東京大学の磯崎行雄、東京工業大学の丸山茂徳らは、ノースポール・ドームのチャート／玄武岩の組合せは海洋地殻であり、チャート岩脈は現在の大西洋中央海嶺のようなプレートの拡大境界における深海熱水活動の名残であるという説を展開した[5,6]。ノースポールのチャートが太陽光のまったく届かないようなところで沈殿したということであれば、そこにストロマトライトが形成されるはずはない。このようなロジックで彼らはノースポールのストロマトライトを「にせストロマトライト」と断罪している。ストロマトライト様構造は遠洋深海域の熱水噴出孔から沈殿したシリカによって形成された無機的な構造だというのだ。この説はしばしば地球史関係の参考書や啓蒙書で紹介されており、いかにも定説であるかのように扱われているが、本当にそうだ

ろうか？ この説の前提条件の1つは「粗粒な陸起源砕屑物を含まないチャート＝遠洋深海起源」であるが，それには異議を唱えたい．チャートには確かに石英砂などの粗粒な砕屑物が含まれていないが，太古代の海洋は溶存シリカに富んでおり，何かのきっかけで急速にかつ大量のチャートが沈殿した（したがって砕屑物が紛れ込むチャンスがない）可能性が高いし，それが陸地に近い海域でも起こっていたという証拠もある．またチャートといっても最初からシリカ堆積物として形成されたものはむしろ少なく，炭酸塩堆積物や火山灰などの細粒砕屑物が珪化作用を受けてチャート化したものが多いのだ（第2章コラム参照）．事実ノースポールのストロマトライトを含むチャートが炭酸塩岩の珪化作用を受けたものであることが，掘削プロジェクトで得られた試料によって後に明らかにされている[1]．

ノースポールのメタン細菌とその意義

ノースポールからは微化石様構造も産出する．古くは1983年にカリフォルニア大学サンタ・バーバラ校のS.M.オーラミクらが繊維状のバクテリア様構造を発見したと報告した[7]．しかしこれに対してワシントン大学のR.ビュイックが強い疑義を呈し，数年間にわたって熱い論争が続いた[8]．ノースポールのチャートには岩脈も含めて有機物に富み，黒色を呈するものも多い．上野雄一郎（前出）らが見つけた繊維状の微化石様構造物はこれらのチャートの中に含まれている[9]．上野らはこの構造物をチャートの中から取り出し，炭素同位体比を測定した．その結果，生物起源を示す軽い値（−42〜−32‰）が得られたのだ．しかしながら論文のタイトルの最後につけられた疑問符が示すように，微化石と断定するには今ひとつインパクトと明瞭さにかけている．チャートに含まれる有機物が

生物起源の可能性は高い．しかし微化石様の構造は生物起源の有機物微粒子が凝集してできたものと考えてもおかしくはない．筆者らも有機物からなる繊維状構造が太古代チャートの石英脈の中に散在しているのを見つけているが，それらが生物起源だと考えてはいない．一方，上野らの研究でより強いインパクトをもっているのは，次に述べる流体包有物の研究である．

　上野らはノースポール地域のチャートの中に含まれる流体包有物（第2章，図2.5参照）を調べ，その中にメタン（CH_4）が含まれること，さらにそのメタンに含まれる炭素の同位体比が非常に軽いことを示した[10]．メタンは温暖化ガスの1つで，大気中の濃度は2ppm弱と二酸化炭素よりはるかに小さいが，地球温暖化係数（二酸化炭素を基準として，その気体が100年間の時間スケールで有する温室効果）では25倍である．地球の表層部では微生物の働きによって作られるものが圧倒的に多い（**図4.5**）．メタンを作る微生物

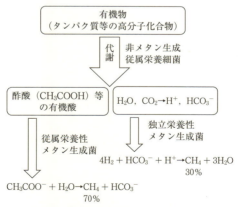

図4.5　微生物によるメタン生成プロセス

湿地，水田や堆積物の内部，ルーメン（反すう動物の胃），シロアリの腸など，酸素の乏しいところでメタンは生成される．

(メタン細菌)は酸素のない環境が好きで,沼の泥の中や反すう動物の胃やシロアリの腸の中などに生息し,それらが作るメタンの炭素同位体比は非常に軽いという特徴がある.したがってノースポール・チャートの流体包有物は,その当時メタン細菌が存在していたことを示唆する.ちなみにメタン細菌は古細菌に属するので,35億年前にはすでに生物界の共通祖先から主要な3グループ(ドメイン:真正細菌,古細菌,真核生物)[11](**図 4.6**)のうち,真正細菌と古細菌が分岐していた可能性が考えられるのである.メタン生成もその同位体比分別も非生物的なプロセスで説明可能であるとし,流体包有物のメタンがかならずしも生物起源とは限らない[12],という反論はあるものの,非常に重要な研究成果だ.

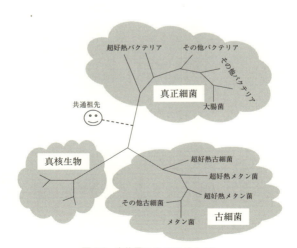

図 4.6 生物界の3つのドメイン

リボゾームというすべての生物に含まれる細胞小器官の RNA(リボ核酸)の塩基配列にもとづくと,すべての生物は真核生物,真正細菌,古細菌に分類される.(高井(2011)[13]をもとに作成.)

硫酸還元菌も35億年前にいた？

 ノースポールに関しては，Y. シェン（中国科学技術大学）らによって黄鉄鉱（FeS_2）という硫化鉱物の硫黄同位体組成も調べられており，その値もまた35億年前の微生物の存在を示唆している[14]．黄鉄鉱は無機的に形成されることもあるが，硫酸イオン（SO_4^{2-}）を含んだ海の堆積物，特にヘドロのような，有機物に富みその分解で酸素が枯渇した中で微生物の活動に伴って作られやすい．潮干狩りに行ったときのことを思い出してほしい．干潟の表面は薄茶色だが，熊手でひとおこしすると，真っ黒な層が現れ，ふっと卵の腐った匂いがしたはずだ．この黒い層は還元層である．この還元層では，硫酸還元菌という原核生物が硫酸イオンを使って有機物を代謝しており，その際硫酸イオンは還元されて硫化水素（H_2S）となる（詳しくは第6章参照）．猛毒であることからもわかるようにこの硫化水素は反応性が非常に高い．硫化水素は同じく還元層に含まれる鉄と結合して硫化鉄（黄鉄鉱）になる．

 話が遠回りになったが，硫酸還元菌が硫酸を還元するときに炭素の場合と同じく同位体分別が起こる．硫黄には質量数32，33，34，36の4つの安定同位体が存在する．そのうち^{32}Sが最も多く95.02％，ついで^{34}Sが4.21％である．硫酸還元菌による同位体分別についてはおもにこれら2つの同位体間の分別を見る．硫酸還元菌は軽い硫黄を持った硫酸を好むので，生成される硫化水素そして黄鉄鉱の同位体比はもとの硫酸イオンより軽くなる．硫黄同位体比の標準物質はトロイライトという隕石中の硫化鉱物であり（式4.1），火成岩に含まれるようなマグマ起源の硫化鉱物の同位体組成はだいたい0‰付近に分布し，現在の海水の値は+20‰．そして堆積物の中の硫化鉱物は−20〜−40‰という値をとっている．海水の値より

40‰から60‰軽いわけで、それが硫酸還元菌による同位体分別効果である．

$$\delta^{34}S = \left\{ \frac{[(^{34}S/^{32}S)_{試料} - (^{34}S/^{32}S)_{標準物質}]}{(^{34}S/^{32}S)_{標準物質}} \right\} \times 1000(‰) \quad (4.1)$$

シェンらの研究のポイントは，黄鉄鉱だけでなく硫酸塩鉱物の硫黄同位体比を同時に測っていることだ．硫酸塩の値は黄鉄鉱が形成したときに共存した硫酸イオンの同位体比（すなわち太古代の海水の硫酸イオン）を反映すると仮定できるので，硫酸還元に際してどの程度同位体分別が起こったのかが推定できる．ノースポール・チャートの硫酸塩（バライト $BaSO_4$ として産出する）の同位体組成は +3〜+9‰，黄鉄鉱の値は −1〜−16‰ という結果であった．最大でも20数‰の同位体分別は，現在の海洋で観察される分別に比べれば小さいが，微生物による硫酸還元が起こっていたことを主張するには十分だとシェンらは考えたようである．一方パリ地球物理学研究所のP.フィリポらは同じノースポールの試料を独自に分析し，その硫黄同位体組成の特徴は元素状の硫黄を不均化する（元素状硫黄から硫化水素と硫酸を同時に作る）バクテリアの関与を示すとして，従来の説に波紋を投げかけている[15]．

35億年前の渚

ここでノースポール・チャートの堆積環境に関する議論の行方を決めそうな，オールド・ドミニオン大学のN.ナフクの研究を紹介しよう．以前からナフクは潮間帯のような，時として干上がるような浅い場所で光合成細菌がバイオマットを形成するという事実に着目していた．堆積物上や固体表面上に着生して生息する微生物はしばしば細胞外多糖質という粘着質の物質を分泌し，薄いスライム状のバイオフィルムを形成することが知られている（風呂桶の裏や流

しの"ぬるぬる"などもそうである）．このバイオフィルムが厚くなったものがバイオマットである．ストロマトライトもバイオマットの1つと言ってよい．バイオマットは微生物と微生物が分泌した粘着質の物質に加え堆積物粒子を固着していることが多い．バイオマットが数cmの厚さにまで成長する場合には，その表面と内部で異なる種類の微生物が「棲み分け」することがある．表面には酸素を発生する光合成細菌であるシアノバクテリア，その下には酸素を発生しないタイプの光合成細菌，さらにその下には硫酸還元菌などの有機物を代謝する従属栄養細菌が棲み分け，それぞれ異なった層の中で生息している．

このバイオマットは堆積物を固着し安定化させているが，強い波や風の力を受けると一部が破れ，引きちぎられる．引きちぎられて断片となっても，それなりの大きさと重さがあるので，遠くまでは運ばれずに，すぐ近くの別の場所にペチャッと張り付くことがある．固着していない砂や泥ではこのようなことにはならない．ということは，このような堆積構造が過去の地層に見つかれば，それはバイオマットがあったことを示すということだ．このような堆積構造（他にも種類がある）を Microbially Induced Sedimentary Structure（マイクロバイアリー・インデューズド・セディメンタリー・ストラクチャ：微生物活動によって誘導された堆積構造（著者訳）），略して MISS とナフクは呼んだ．ナフクは手始めとして比較的新しい時代の地層にこの MISS を探索し，南アフリカの29〜32億年前の地層にそれらが存在することを報告した．さらに彼女はより古い時代の地層に MISS を探索し，はたしてノースポールにも見いだした[16]（**図 4.7**）．ナフクらによれば，チャート（ドレッサー層）はサブカ（砂漠気候下の海岸に形成される蒸発岩層）に見られるのと同様の堆積学的な特徴を有しており，多様な MISS の存在はすで

図 4.7 ドレッサー層の MISS(マイクロヴァイヤリー・インデュースド・セディメンタリー・ストラクチャ)(矢印)
フラグメントになったバイオマットと考えられている.強い珪化作用を受けている.
N. ナフク博士の好意による.

に 35 億年前にバイオマットを形成する多様な微生物群集がいたことを示すと結論づけている.やはりノースポール・チャートは深海起源ではないのだ.

極北に残された痕跡——アパタイトの謎と生物起源グラファイト

筆者が初めて海外で研究発表をしたのが 1995 年にケンブリッジ大学で開かれた小さな集会であった.その集会に S. モジス(現コロラド大)という若手研究者が参加していた.当時は米国のスクリプス海洋研究所のポスドクであった.彼はその集会でグリーンランドのアキリア島の 38 億年前の地層から世界最古の生命の痕跡を発見したと発表した.そして 1 年も経たないうちに,その研究成果が『ネイチャー』に論文が掲載され,大きな反響を呼んだ[17].彼の研究のポイントはアパタイト($Ca_5(PO_4)_3(F,Cl,OH)_2$)という鉱物に着目した点であった.なぜならアパタイトは安定な鉱物であり,変成作用や交代作用に対する抵抗性がある.しかもその主成分はリン(P)という生物にとっての必須の主要栄養素である.モジスはアキ

リア島の堆積岩を源岩とする変成岩の中にアパタイトが含まれること，さらにそのアパタイトの中に炭素の粒子が閉じ込められていることに着目した．この炭素の粒子はいわばアパタイトのシャトルに保護されて38億年もの間，外部からの熱や圧力から守られていたはずだと考えたのだ．そして，その炭素粒子の同位体組成を調べてみると，生物起源であるという結果が得られた．ところがこの研究に対する反論が相次いだ．1つは，モジスがアパタイトを見つけた炭酸塩鉱物に富む変成岩が堆積岩起源ではないというものであった．テネシー大学のC. フェドーとM.J. ホワイトハウスらは，そのタイプの変成岩の多くは地殻の深い場所で交代作用を受けてできた，と解釈した[18]．また東京大学の佐野有司らによってアパタイトの年代が測定されたが，その生成年代が母岩よりもはるかに若いことが明らかにされた[19]．この論争が示唆するのは，生命痕跡を探索するうえでそれらが含まれる母岩の由来がいかに大事か，ということである．

　最古の生命痕跡の探索レースには日本の若手研究者も参戦し，『ネイチャージオサイエンス』で発表されるなどの成果をあげているので最後にそれを紹介したい[20]．海洋研究開発機構の大友陽子（現北海道大学）らは，グリーンランド・イスアの37億年前の変成岩の一種の片岩を調べ，それらが堆積岩起源であることを明らかにしたうえで，その中に含まれるグラファイト（炭素からなる結晶質の物質）を顕微ラマン分光分析や透過型電子顕微鏡で観察した．この片岩には炭酸塩鉱物からなる岩脈も存在し，その中に含まれる非生物起源のグラファイト粒子も比較のために分析した．片岩本体中のグラファイトと岩脈中のグラファイトは明らかに異なり，前者はナノ（10^{-9}）サイズの多角形のチューブ状でグラフェン（炭素原子がシートを形成しているもので，蜂の巣のような六角形の網目構造

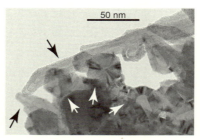

図 4.8 グリーンランド・イスアの変成岩（約 37 億年前）から抽出された生物起源と考えられるグラファイトの透過電顕写真
多角形状（白矢印），チューブ状（黒矢印）を呈するが，二次的に形成されたグラファイトにはこのような構造は見られない．大友陽子博士により提供．

をもつ）が不規則に積み重なって歪んだ結晶構造をもっているのに対して（**図 4.8**），後者はフレーク状で単純な構造であった．片岩本体中のこのような"ガラクタ"グラファイトは，生物起源の構造的に不均質な有機物が変成作用によって熱分解＋加圧作用によって形成されたと結論づけられているが，炭素同位体組成のデータの違い（岩脈グラファイトは $-10.5‰$ で，片岩本体中のものは $-17‰$ 前後）と調和的である．

　以上のように世界最古の生命痕跡を探る道は混迷を経てきたのだが，近年の研究の進展により，太古代初期の生命の姿についても徐々に明らかになりつつある．これについて本書後半で再び触れることとし，次章からはいったん異なる話題，初期生命進化をよりよく考えるうえで不可欠な生命の起源や現生生物の多様性について解説したいと思う．

Box 4 付加体説とチャートの堆積場

　付加体説とプレートテクトニクスは切っても切れない関係にある．プレートテクトニクスとは，1960年代後半に提案された理論であり，地球の表面が何枚かの岩石の剛版で覆われており，それらの相対的な運動によって，地震，火山，山脈形成から大陸移動まで様々な地球科学的現象が説明できるというものだ（第1章コラム参照）．このプレート移動によって大陸から遥か離れた地点で堆積した泥や砂，あるいは火山活動でできた火山島などが徐々に大陸に近づいてくることになる．そしてやがて海溝に達すると，その一部，特に地形的に出っ張った火山島やその名残の海山がプレートとともに海溝内部へ沈み込むことができずに引きはがされて大陸地殻にくっついてしまうことがある．これを付加体と呼び，このような付加体によって日本列島が形成されたとする付加体説が広く信じられている．「日本列島付加体説」の柱の1つが，中古生代の放散虫層状チャートが遠洋深海域で堆積したという考えである．この考えは，

1) 粗粒な陸起源の粒子が含まれない
2) 現在の海洋で放散虫軟泥と呼ばれる生物起源堆積物は遠洋域のみに見られる

などを根拠としている．しかしテチス海と呼ばれる，中世代から新生代にかけて存在した古海洋における放散虫堆積物の分布は[21]，必ずしも放散虫層状チャート＝遠洋深海起源ではないことを示している．

引用文献

1) Van Kranendonk, M.J. *et al.* (2008) Geological setting of Earth's oldest fossils in the ca. 3.5 Ga Dresser Formation, Pilbara Craton, Western Australia. *Precambrian Res.*, **167**, 93-124.

2) Van Kranendonk, M.J. (2006) Volcanic degassing, hydrothermal circulation and the flourishing of early life on Earth: A review of the evidence from c. 3490-3240 Ma rocks of the Pilbara Supergroup, Pilbara Craton, Western Australia. *Earth-Sci. Rev.*, **74**, 197-240.

3) Ueno, Y. *et al.* (2004) Carbon isotopes and petrography of kerogens in ~3.5-Ga hydrothermal silica dikes in the North Pole area, Western Australia. *Goechim. Cosmochim. Acta*, **68**, 573-589.

4) Walter, M.R. *et al.* (1980) Stromatolites 3,400-3,500 Myr old from the North Pole area, Western Australia. *Nature*, **284**, 443-445.

5) 磯崎行雄 他 (1995) "35億年前最古ストロマトライト"の正体—西オーストラリア,ピラバラ産,太古代中央海嶺の熱水性堆積物—. 月刊地球, **17**, 476-489.

6) Kitajima, K. *et al.* (2001) Seafloor hydrothermal alteration at an Archaean mid-ocean ridge. *Jour. Metamor. Geol.*, **19**, 583-599.

7) Awramik, S.M. *et al.* (1983) Filamentous fossil bacteria from the Archean of Western Australia. *Precambrian Res.*, **20**, 357-374.

8) Buick, R. (1984) Carbonaceous filaments from North Pole, Western Australia: Are they fossil bacteria in Archaean stromatolites? *Precambrian Res.*, **24**, 157-172.

9) Ueno, Y. *et al.* (2001) Carbon Isotopic Signatures of Individual Archean Microfossils(?) from Western Australia. *Int. Geol. Rev.*, **43**, 196-212.

10) Ueno, Y. *et al.* (2006) Evidence from fluid inclusions for microbial methanogenesis in the early Archaean era. *Nature*, **440**, 516-519.

11) Woese, C.R. *et al.* (1990) Towards a natural system of organisms: Proposal for the domains Archaea, Bacteria, and Eucarya. *Proc. Natl. Acad. Sci. USA*, **87**, 4576-4579.

12) Sherwood, L.B., McCollom, T.M. (2006) Biosignatures and abiotic constraints on early life. *Nature*, **444**, E18.

13) 高井研 (2011)『生命はなぜ生まれたのか』,幻冬舎文庫.

14) Shen, Y. *et al.* (2001) Isotopic evidence for microbial sulphate reduction in the early Archaean era. *Nature*, **410**, 77–81.

15) Philippot, P. *et al.* (2007) Early Archaean microorganisms preferred elemental sulfur, not sulfate. *Science*, **317**, 534–537.

16) Noffke, N. *et al.* (2013) Microbially Induced Sedimentary Structures recording an ancient ecosystem in the ca. 3.48 billion-year-old Dresser Formation, Pilbara, Western Australia. *Astrobiology*, **13**, 1103–1124.

17) Mojzsis, S.J. *et al.* (1996) Evidence for life on Earth before 3,800 million years ago. *Nature*, **384**, 55–59.

18) Fedo, C.M., Whitehouse, M.J. (2002) Metasomatic origin of quartz-pyroxene rock, Akilia, Greenland, and implications for Earth's earliest life. *Science*, **296**, 1488–1452.

19) Sano, Y. *et al.* (1999) Origin of life from apatite dating? *Nature*, **400**, 127.

20) Ohtomo, Y. *et al.* (2014) Evidence for biogenic graphite in early Archaean Isua metasedimentary rocks. *Nature Geo.*, **7**, 25–28.

21) De Wever, P., Baudin, F. (1996) Palaeogeography of radiolarite and organic-rich deposits in Mesozoic Tethys. *Geol. Rundsch.*, **85**, 310–326.

⑤

「生命」はいつ，どこで，どのように？

生命の材料と元素の起源

　われわれの体を作っているのはおもにタンパク質，炭水化物，脂質，核酸であり，それに加えて骨の主成分リン酸カルシウムである．タンパク質は水素，窒素，炭素，酸素，硫黄，炭水化物と脂質は炭素，水素，酸素から，核酸は炭素，窒素，水素，酸素，リンからおもにできている．水分は年齢によって幅がある．乳児では70％以上で老人では50％まで落ちる．いずれにしても人間の体の相当部分は水素と酸素からできていることになる．人間以外の生物も骨格に関わる成分は別として基本的に同じような組成である．ということは生物の体のほとんどは，炭素，酸素，水素，窒素からできているわけだ．もちろんこれら4元素だけでは生命は維持できず，一般的な高等植物ではその他にカルシウム，マグネシウムなどの5元素，そして微量必須元素としてモリブデン，亜鉛などを含む8元素が必要になっている（種類によってはこれら以外に必須元素

表 5.1　必須栄養素（高等植物）とその利用可能形態（括弧内）

主要必須栄養素
$H(H_2O)$, $C(CO_2)$, $O(O_2, CO_2)$, $N(NO_3^-, NH_4^+)$, $K(K^+)$, $Ca(Ca^{2+})$, $Mg(Mg^{2+})$, $P(PO_4^{3-})$, $S(SO_4^{2-})$

微量必須栄養素
$Cl(Cl^-)$, $B(BO_3^{3-})$, $Fe(Fe^{2+}, Fe^{3+})$, $Mn(Mn^{2+})$, $Zn(Zn^{2+})$, $Cu(Cu^{2+})$, $Ni(Ni^{2+})$, $Mo(MoO_4^{2-})$

（浅枝ら（2011）[1]をもとに作成.）

を持つ）（**表 5.1**）．これらの必須元素のうちどれか1つでも不足すると，成長阻害や枯死などの障害が現れる．たとえば海洋において植物プランクトンの増殖を連続観測すると，最初は対数的に増殖していくがやがてそのバイオマス（生物量）は頭打ちになってしまうことが多い．これは，その海域で利用可能な栄養素のうち最も枯渇しやすい元素が使い果たされてしまったことによる．このような成分を，バイオマスの増加を制限するという意味で「制限栄養素（塩）」と呼ぶ．

　生物の体のほとんどが炭素，酸素，水素，窒素でできているという事実は，この太陽系そして宇宙がどのような元素でできているかを考えると非常に興味深い．**図 5.1** に示すように宇宙における元素の存在度は，最も多い順から水素，ヘリウム，リチウム，となっている．原子番号が大きくなるにしたがって指数関数的に存在度が小さくなるということと，原子番号が偶数の元素は隣り合う奇数の元素に比べて存在度が大きいという特徴がある．生物の体を作っている元素は宇宙において存在度が大きい元素なのだ．言い換えてみれば，地球型生命の原材料は宇宙空間にあふれていることになる．したがって生命が地球にしか存在しないとはどうしても考えにくい．

　ちなみに元素は以下のようなプロセスでできたと考えられている．宇宙の始まり，137億年前のビッグバンの直後に生成した元素

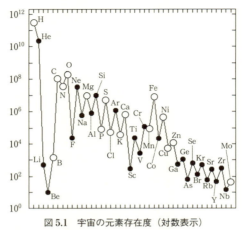

図 5.1 宇宙の元素存在度（対数表示）
H（水素）から Mo（モリブデン）までを示した．横軸の存在度は Si (10^7) を基準とした相対的なもの．原子番号が大きくなる，すなわち質量数が増えるにしたがって指数関数的に元素存在度は減少する．白丸で示した元素は必須栄養素（表 5.1 参照）．

は水素とわずかなヘリウムのみであったが，それらを材料として恒星が形成された．恒星の内部では水素原子 2 個が核融合し，ヘリウムの原子核が作られる．さらにヘリウム燃焼（原子核融合反応のこと），炭素燃焼，酸素燃焼をへてケイ素燃焼で鉄が合成される．それより重い元素は一定以上の質量をもった恒星内部での中性子捕獲（スロープロセス）と超新星爆発時のラピッドプロセスで作られる．超新星爆発の際，恒星に存在した元素はガスや塵の形で宇宙空間にばらまかれる．宇宙空間にはこのようにして形成されたガスや塵が高い密度で存在する領域があり，それを分子雲と呼ぶ．この分子雲は恒星系（われわれの太陽系のように恒星とその周りを回る惑星などからなる系）の卵である．近傍での超新星爆発の衝撃波などが引き金となって分子雲が収縮しはじめ，やがて渦巻き状の原始太陽系星雲が形成される．原始太陽系星雲の中心部では恒星が，その周り

に惑星が形成されて行く．そしてその惑星に生命が誕生したのであり，現在も宇宙のどこかで誕生しつつあるはずである．われわれの体だけでなくすべての生物の体は星のかけらからできている，というのは真実だ（**図 5.2**）．

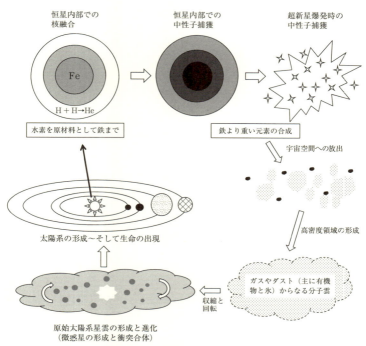

図 5.2　恒星における元素の生成と太陽（恒星）系の進化

生体分子の形成とその進化 1

　生物の体をつくるタンパク質，炭水化物，脂質，核酸などは，分子量の非常に大きい生体高分子である．生命の誕生に先立ってまずこれらの分子の材料が非生物的に合成される必要がある．というのも，これらの物質がバラバラの元素やイオンからいきなり形成されたとは考えにくいからだ（もちろんこのようなパラダイムがこの先くつがえされないとは限らない）．生体高分子はモノマーと呼ばれる構成単位がいくつもつながってできている．まずはそのモノマーが形成され，それらが結合して生体高分子（ポリマー）ができた．このようなプロセスを化学進化と呼ぶ（**図 5.3**）．具体的にはアミノ酸（モノマー）がまず作られ，それが結合してタンパク質（ポリマー）が，核酸塩基（モノマー）がまず作られ，それが結合して核酸（ポリマー）ができるということだ．

　この化学進化を実験で試みたのがシカゴ大学の大学院生であったS. ミラーである[2]．彼が1953年に行った実験はその後の生命起源研究の方向を決定づけた．彼は指導教員であったH. ユーレイの原始大気に関する仮説をもとに，いわゆる無機物から有機物をつくることに成功した．彼らの実験は至ってシンプルで，初期地球を覆っていた原始大気を仮想的に作り，その中で火花放電を起こすことによって各種のアミノ酸や塩基を作るというものであった．仮想原始大気は水素，メタン，アンモニア，水から作られており，還元的な大気環境を模している．これは現在考えられている原始地球大気の組成，すなわち二酸化炭素を主成分とするもっと酸化的な大気とは異なるが，生元素を含む単純な物質から生体高分子であるタンパク質の構成単位のアミノ酸などが作られた意義は大きかった．ありふれた物質にありふれた方法でエネルギーを加えてやれば生命材料

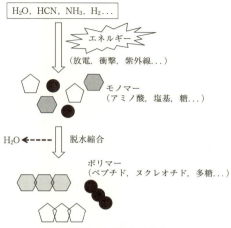

図 5.3　化学進化模式図
タンパク質，炭水化物や核酸などの生体高分子はモノマーの生成とモノマー同士の結合（脱水反応）によるポリマーの生成という段階を経たと考えられる．

ができる，ということが単純明快に示されたからだ．このミラー・ユーレイの実験に触発されて実に様々な条件下でのモノマーの無機合成実験が行われた．仮想大気の組成をより酸化的なものにしたり，火花放電に代えて紫外線や陽子線を当てたりした．もちろん条件はあるが，いずれの場合もそれなりにアミノ酸などのモノマーは生成する．モノマーの無機的生成は地球上にとどまらず，太陽系の他の場所や宇宙の様々な場所で起こりうる現象であることは，隕石の中にもアミノ酸が含まれていることからも明らかである．

生体分子の形成とその進化 2

モノマーがポリマーになるには脱水縮合という反応，すなわち2つのモノマーの結合に際して水が放出されること，が必要である．そこで生命発生以前の地球におけるポリマー生成場の候補として，

干潟や岩のくぼみのような，大気中で生成されたアミノ酸が雨とともに降り注いだものが蓄積しやすく，しかもしばしば水が蒸発して干上がるような環境が考えられてきた．ところが先に述べたように，現在考えられている初期地球の大気組成は，二酸化炭素が主成分であったと考えられている（もっとも海洋が形成されると二酸化炭素はどんどん吸収されていった）．このような酸化的な大気組成であっても実験条件下ではアミノ酸などのモノマーは生成するが，その量や種類は少ない．さらに問題なのは酸化的な環境下でモノマーやポリマーなどの有機物が不安定となり，分解されやすくなってしまうことだ．一方層状の粘土鉱物がポリマー生成場として機能したという考え方もある．層状粘土鉱物（正確には層状アルミノケイ酸塩）は岩石をつくっている主要な鉱物である長石などのアルミノケイ酸塩鉱物が風化されてでき（第9章，式9.1参照），ケイ酸が2次元につながったシートとアルミニウム水酸化物（$Al(OH)_3$）が同様にシート状になったものが何層も積み重なった構造になっている．このシートの間に様々な分子が入り込むことができる．この粘土鉱物の間にモノマーが入り込み，ポリマーが生成したのではないかと言う説もある．粘土鉱物の間に入り込むことで酸化的な大気からガードされ，かつ効率的にモノマーが濃集し結合する土台となりうるからである．

ユニークなところでは，隕石の衝突でポリマーができた可能性も指摘されている．名古屋大学の菅原春菜（現 海洋開発研究機構）と三村耕一は，アミノ酸を入れたカプセルにライフルの弾丸を衝突させ，アミノ酸が重合してポリマーであるペプチドを作ることに成功した[3]．ペプチドはさらに重合すればポリペプチドになりタンパク質となる．この実験は，宇宙空間でアミノ酸をふくんだ有機物に富む隕石やすい星が衝突することによってモノマーからポリマーが

形成されうることを示している．隕石衝突と生命の起源に関してもう1つ紹介しよう．これは，巨大な隕石が海洋に衝突することによって，無機物から生体有機物が形成されるというものだ．東北大学の古川善博らの研究で，炭素，水，窒素に触媒として鉄，ニッケルを加えたものに衝撃波を与えたところ，カルボン酸，アミン，グリシンなどができた[4]．グリシンはアミノ酸の一種でコラーゲンやポルフィリンなどの重要なタンパク質の構成要素である．今から41〜38億年前頃に，後期重爆撃期と呼ばれる巨大隕石が大量に地球に降り注いだ時期があったと言われている（第1章参照）．したがって，この隕石衝突期に生体有機物が大量に生成された可能性も出てきたことになる．この衝突で生成された有機物が海底に降り積もり，プレートに乗って地下深くに引きずり込まれて脱水縮合が進行し生体高分子が形成され，さらには生命が誕生したという仮説を主張しているのが，物質・材料研究機構の中沢弘基である[5]．この「生命の地下発生説」は「生命の発生＝海，特に深海熱水噴出孔（後述）」という，この業界の一部でドグマ化しつつあるように（著者には）思える仮説に一石を投じるものとして面白い．

細胞の形成

量的にも機能的にも十分な生体高分子があっても細胞がなければ生物ではない．細胞とは細胞膜で外界から区別された小領域である．単細胞生物は1個の細胞が1個体に対応する．細胞膜はリン脂質の2重膜または1重膜からできており，タンパク質が組み込まれている．小さい分子はリン脂質の膜を通って，大きい分子はこのタンパク質を通って細胞内外を行き来する（図 5.4）．

細胞の起源をさぐる試みは，生体分子の無機合成の研究と同じほど歴史が古い．ロシアの化学者 A. オパーリンが1936年に出版した

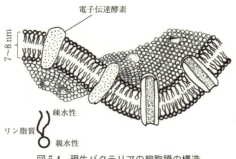

図5.4 現生バクテリアの細胞膜の構造

厚さの単位 nm（ナノメートル）は 1 m の 1 億分の 1．かなり精巧・複雑である．
(Konhauser (2009)[6]をもとに作成.)

その著書の中で，コアセルベートという，「溶液中で，親水性のコロイド粒子が集合し，小液滴として周囲と境界をもち，溶液との間に一定の平衡状態をたもっているもの（『大辞林』三省堂）」が細胞である可能性を示した．その1つの理由は，このコアセルベートは融合したり，分裂したり，外界と物質のやり取りをしたりと，まるで細胞のようなふるまいをするからである．コアセルベートを作るのは簡単である．pHを調整した水にゼラチンの水溶液とアラビアゴムの水溶液を滴下すれば生成する．

　ゼラチンはタンパク質を主成分とし，アラビアゴムは多糖類（炭水化物）を主成分とする．したがってタンパク質や炭水化物が共存する状態で条件が整えば，コアセルベートは自然状態でも生成しうるだろう．この他に様々な無機イオンを添加して原始海水を模した液にアミノ酸を加えて熱するとか，アミノ酸の熱重合体であるプロテノイドの水溶液を加熱・冷却することで，マリグラニュールやプロテノイドミクロスフェアと名付けられた球状細胞のような構造ができること，そしてそれらも分裂や代謝（のようなふるまい）をすることは多くの教科書でも紹介されている．現生生物の細胞膜はリ

ン脂質でできているので，これらタンパク質系の球状構造を細胞の起源に直接結びつけることはできないと思うが，疑似細胞も意外と簡単にできるのだから驚きだ．

生命は深海熱水噴出孔で生まれたのか？

　最近多くの教科書で取り上げられているのが生命の「深海熱水起源説」だ[7]．この説は，プレートの拡大境界（中央海嶺）でみられるような摂氏300度かそれ以上の熱水を噴出する，熱水噴出孔（図5.5）のような場所で生命が誕生した，というものだ．この説の根拠は以下の5点に集約される．

1) 熱水噴出孔を模した条件で無機的にアミノ酸などの有機物が生成すること
2) 熱水には様々な元素が高濃度で含まれており，それらの元素を用いて化学合成・独立栄養的な生命維持が可能である（化学合成と独立栄養については次章で詳しく述べる）こと
3) 海洋底であれば初期地球の表面に降り注いでいた太陽からの強力な紫外線が届かず，化学進化の過程で生成された生体高分子が分解される恐れがないこと
4) 様々な種類の細菌の至適（きわめて適している）生育温度を調べると，共通祖先に近いものほど高い温度を好むこと
5) 太古代の微化石が中央海嶺で堆積した熱水性沈殿物と考えられる地層中に見つかっている，ということ

にもしばしば言及される．これらの事実は一見整合的であり説得力がある．しかしながら生命は本当に初期地球の深海熱水噴出孔で誕生したのだろうか？　少々批判的に検証してみたい．

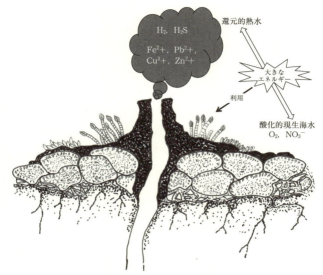

図 5.5　熱水噴出孔模式図
現生の中央海嶺の熱水噴出孔（ブラック・スモーカー）周辺には化学合成細菌を内部共生したハオリムシ（チューブワーム）や深海ヒバイリガイ，バイオマット（細菌のコロニーが岩盤上に膜状に広がったもの）をはぎ取って食べるカニやエビなどの甲殻類が多く生息している．化学エネルギーに依拠した「深海熱水生態系」である．

　たとえば 4) に関しては，太古代の海洋の温度に関する議論が不可欠だが，70℃ ほどもあった可能性[8, 9]について触れられることはあまりない．これが事実なら，系統樹で共通祖先に近い場所に位置する種ほど生育温度が高いという事実は，太古の海洋が今より高温であったことによっても説明できる．

　また 2) については，現在の深海熱水噴出孔周辺の環境と太古代のそれがかなり異なっていた可能性が十分考慮されていない．前者では非常に還元的な熱水が酸素をたくさん含んだ酸化的な深層水に直接吹き出している．これは化学合成にとっては好都合である．還

元物質（たとえば H_2S）と酸化物質（O_2）を苦労なく手に入れることができるからだ．一方太古代の深層水は，熱水に含まれる還元物質を酸化させるに足る物質を十分含んでいたのだろうか？　太古代は激しい熱水活動が深海底の至る所で起こっていたとよく言われる．もしそれが本当で，そのような状況が長期間続いた場合，熱水とその周辺の深層海水の組成の差異がどれほどあったのか，かなり疑問だ．海洋の深層部が酸化的になったのは地球の酸化プロセスでも遅く，十億年前より後であろう[10]．それ以前は硫化水素やメタンに富む還元的な深層水が広がっていたはずだ．だとするなら，熱水に含まれる還元性物質を酸化することは容易ではないか，可能であってもエネルギー効率は小さかったのではないだろうか．

5)については事実誤認を指摘したい．太古代の微化石や微化石様構造のほとんどは浅海性の地層から産出しているのだ．唯一深海熱水噴出孔的な沈殿物に伴うのは，32億年前の黄鉄鉱からなる繊維状構造である．この32億年前の微化石様構造が最古の生命記録でないことは明白だし，そもそも最近の研究ではその生物起源性に疑問も呈されている[11]．また微化石様構造を含んだノースポールのチャートは中央海嶺の熱水性堆積物起源であるとして，生命の深海熱水起源説の正当性を述べている記述も目にする．しかしながら，その主張は今やその根拠をほとんど失っている．オゾン層がなかった太古代では，紫外線から初期生命が逃れるうえで深海は確かに好都合だ．しかし，10mほどの水深で有害な紫外線はほぼゼロにまで減衰することを考えれば[12]，深海でなければならない必要性は必ずしもない．

Box 5　隕石と隕石に含まれる有機物

　宇宙空間に浮かぶ固体物質が地球などの惑星に落ちてきたものを隕石という．地球上で発見された隕石は，石質隕石，石鉄隕石，鉄隕石に分類されるが，その起源は太陽系の形成途上に存在した微惑星や原始惑星と考えられている（月や火星由来の隕石も知られている）．これらの惑星の卵はさらに衝突・合体し惑星へと成長したが，中には衝突時にバラバラになったまま惑星間空間に漂っているものもある．それらが地球に落ちてくるのである．大きい微惑星の中には，地球のように金属鉄からなる核，そしてそれを囲む岩石質のマントルという層構造を有するまで進化（内部が溶融して鉄と岩石が分離した）したものがあり，石質隕石はそのマントルに，石鉄隕石はマントルと核の境界付近，鉄隕石は核に由来すると考えられている．石質隕石の中には未分化の微惑星に由来するものや，さらには原始太陽系星雲に含まれていた塵が固まっただけのようなものもある．このタイプはコンドライトと呼ばれるが，その中でも有機物に富むものが炭素質コンドライトである．炭素質コンドライトで世界一有名なのがマーチソン隕石である．この隕石は1969年にオーストラリアのマーチソン村に落下したが，生体タンパク質を構成するアミノ酸や生体では見られないアミノ酸や，飽和炭化水素も含む．これらの有機物は地球に落下してから汚染によって取り込まれたのではないことが明らかにされており，太陽系形成時に非生物的に合成されたものである．

引用文献

1) 浅枝隆 編著（2011）『図説生態系の環境』，朝倉書店．
2) Miller, S.L., Urey, H.C. (1959) Organic compound synthesis on the primitive Earth. *Science*, **130**, 245-251.
3) Sugahara, H., Mimura, K. (2014) Glycine oligomerization up

to triglycine by shock experiments simulating comet impacts. *Geochem. J.*, **48**, 51-62.
4) Furukawa, Y. *et al.* (2009) Biomolecule formation by oceanic impacts on early Earth. *Nature Geo.*, **2**, 62-66.
5) 中沢弘基 (2007) "生命は地下で生まれた――「太古の海は生命の母」の呪縛を解く". *Biophilia*, **3**, 22-27.
6) Konhauser, K. (2009) *Introduction to Geomicrobiology*, Blackwell Publishing, Malden, Oxford, Carlton.
7) Martin, W. *et al.* (2008) Hydrothermal vents and the origin of life. *Nature Rev. Microbiol.*, **6**, 805-814.
8) Knauth, L.P., Lowe, D.R. (2003) High Archean climatic temperature inferred from oxygen isotope geochemistry of cherts in the 3.5 Ga Swaziland Supergroup, South Africa. *Geol. Soc. Am. Bull.*, **115**, 566-580.
9) Robert, F., Chaussidon, M. (2006) A palaeotemperature curve for the Precambrian oceans based on silicon isotopes in cherts. *Nature*, **443**, 969-972.
10) Brocks, J.J. *et al.* (2005) Biomarker evidence for green and purple sulphur bacteria in a stratified Palaeoproterozoic sea. *Nature*, **437**, 866-870.
11) Wacey, D. *et al.* (2014) Geochemistry and nano-structure of a putative ∼ 3,240 million-year-old black smoker biota, Sulfur Springs Group, Western Australia. *Precambrian Res.*, **249**, 1-12.
12) 森山茂 (1981) 『大気の歴史』, 東京堂出版.

現生生物に見る多様性と生態系
——太古代生命理解のために

生物多様性と太古代生命

「生物多様性」という言葉は生物の種類の多さを連想させるが,定義としては「種多様性」に加え,「遺伝的多様性」「生態系の多様性」を包括的に表す.遺伝的多様性は同種間の遺伝子の多様性だ.たとえば同じ種類の生物でも遺伝子(すなわちDNAにおける塩基配列)はまったく同じではない.そのことによって,寒さに強い・弱い,ある病気にかかりやすい・かかりにくいなどの違いがでる.この多様性によって環境からストレスを受けたとき,同種のなかで耐性のある遺伝子を有する個体は生き残ることができる.生態系(場)の多様性は,海,川,湖沼,熱帯雨林,ツンドラなど様々な自然の存在そのものであり,種の多様性と切っても切れない関係にある.

地球上にはたくさんの種類の生物がいる.名前が付けられているものだけでも125万種おり,比較的最近行われた推定は,地球上に

は未知種を含め870万種の生物がいるとしている[1]．なんと地球上に生息する生物の90％近くが未知種なのだ．われわれが自然について知っていることはほんのわずかであるということをあらためて認識させられる．さらに微生物の中には，pH1の強酸性の温泉や，100℃を超える熱水，さらには2000 m以上の地下にも生息するものがいる[2]．様々な極限環境にも生物は適応し，独自の生態系を構築していることが明らかになって来た（本章コラム参照）．

このようにきわめて多様な生物が地球上に生息しているが，驚くべきことにその生命維持システムは共通である．DNA（デオキシリボ核酸）に記録された遺伝情報がRNA（リボ核酸）に転写され，その情報に基づいてタンパク質が合成される，という順序は，バクテリアからヒトまで変わることはない．生命が誕生した当初は，他のシステムをもったグループもいただろう．しかし何らかの理由によって，1つのシステムだけが残されたわけだ．この地球上にあふれる様々な生物の共通祖先を Last Universal Common Ancestor (LUCA)（ラスト・ユニバーサル・コモン・アンセスター）と呼んでいる．LUCAの存在は，イリノイ大学の故C. ウーズらによって生物界が真正細菌，古細菌，真核生物の3つドメインよりなること，そしてそれらの系統樹が過去に向かって一点に収れんすることが明らかにされることで，確かなものとなった[3,4]（より詳しくは第7章参照）．本書で扱う微化石群もLUCAにつながっているはずだ．そしてその中にわれわれの祖先が含まれている可能性もあるのだ．

生態系とは

生態系とは，生物群集（個体群の集合体）とそれをとりまく一定の区域の非生物的なもの（物理・化学的環境）の全体を示す"概

念" である.物理・化学的環境には生物群集が生息する空間（森林，湖，川など）とそこに存在する空気や水，そしてその中に含まれるガスや溶存成分，さらに温度や気圧も含まれる（**図 6.1**）.生態系では生物群集を介してエネルギーや物質が循環している.その循環における役割に注目し生物群集を分類したものが，生産者，消費者，分解者である.無機物（二酸化炭素，水，その他の必須栄養素）を材料とし，光あるいは化学エネルギーを用いて有機物を生産する生物を生産者と定義している.たとえば森林生態系では光合成を行う樹木が，海洋生態系では植物プランクトンが代表的な生産者である.また生産者が作った有機物を摂取することで生命活動に必要な物質とエネルギーを得ている生物を消費者と定義している.生産者を直接摂取する消費者を一次消費者（たとえば樹木の葉を食べる蛾の幼虫），一次消費者を摂取するものを二次消費者（たとえば蛾の幼虫を食べる小鳥）と呼び，数次にわたる階層性をもつのが普通である.また生産者─消費者の間に成立する「喰う─喰われる」の関係を生食連鎖と呼ぶ.一方生産者，消費者の排泄物や遺骸を摂取することで有機物を摂取するものは分解者であり，複数の分解者が関わって排泄物や遺骸は最終的に無機栄養素にまで還元される.このサイクルを腐食連鎖という.分解者の代表的なものは枯枝・枯葉（リターという）を分解する菌類やミミズである（**図 6.2**）.生態系における分解者の役割は重要である.なぜなら腐食連鎖によって生産者や消費者の体を構成していた有機物（生体高分子）が徐々に低分子に分解され，最終的には無機物質となるからだ.たとえばタンパク質に含まれていた窒素はアンモニウムイオンや硝酸イオンに，ATP に含まれていたリンはリン酸になる.これを無機化というが，このプロセスによって窒素やリンが再び生産者によって利用可能な状態に戻され，物質循環のループが完成する（**図 6.3**）.

⑥ 現生生物に見る多様性と生態系——太古代生命理解のために　73

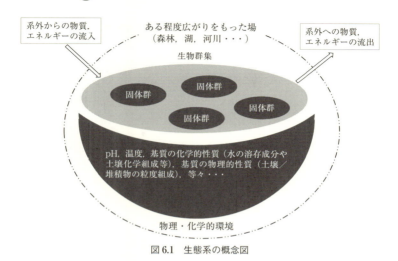

図 6.1　生態系の概念図

図 6.2　森林のリター層と有機物層

林床を覆う落ち葉（リター）の薄い層の下には，黒褐色～黒色で形をとどめない有機物の層が現れる．菌類や土壌動物の働きによってリターが分解されたもの．身近な自然に生態系における物質循環の一端をみることができる．

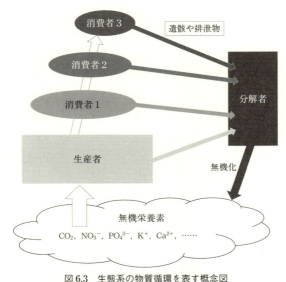

図 6.3 生態系の物質循環を表す概念図
バイオマス（生物量）は生産者から高次の消費者に向けて急激に減っていく．

さて微生物の世界であった（はずの）太古代の生態系は現在と大きく異なっていたのだろうか？　生命誕生直後はともかく，35億年前頃にはすでに現在型に近い，少なくとも生産者と分解者を含んだ生態系が成立していたと筆者は考えている．問題は消費者であるが，それも太古代の間に出現した可能性が高い．実は消費者を特徴づける「他の生き物を食べる」という行動は，多細胞生物に特有のものではない．アメーバという真核単細胞生物は細菌を細胞内に取り込み消化吸収する．これを専門的には食作用（エンドサイトーシスの1つ）という．次章で述べるように，この食作用が原核生物から真核生物への進化を促したと考えられている．

独立栄養生物と従属栄養生物

着目する機能や構造によって生物の分類方法は異なる．独立栄養生物と従属栄養生物という分類方法は，エネルギーと生元素のうち最も重要な炭素をどのように調達するかに基づいている（**図 6.4**）．独立栄養生物とは炭素源として無機炭素（二酸化炭素や重炭酸イオン）を，エネルギー源として光あるいは化学物質を用いるものを指し，それぞれ光合成独立栄養生物，化学合成独立栄養生物と呼ぶ．前者は緑色植物で代表されるが，原核生物の仲間のシアノバクテリアも光合成独立栄養生物である．後者は硫化水素，アンモニア，2価鉄などの還元状態にある物質が酸化（たとえば硫化水素 → 硫黄，アンモニア → 硝酸，2価鉄 →3価鉄）される際に放出されるエネルギーを用いて無機炭素から有機物を合成する．従属栄養生物にはエネルギー源，炭素源共に有機物（他の生物が生合成したもの）を

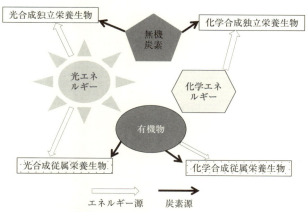

図 6.4　炭素源とエネルギー源に着目した生物の分類体系

動物や植物といった"高等な"生物は光合成独立栄養生物か，化学合成従属栄養生物である．原核生物（細菌）はこの4タイプすべてを含み，極めて多様．

用いる化学合成従属栄養生物と，エネルギーとして光を，炭素源として有機物を用いる光合成従属栄養生物がある．前者はわれわれ人間を始めとする動物や菌類，食べ物を腐らせる細菌などであり，後者は細菌の一部（紅色非硫黄細菌，緑色非硫黄細菌）に知られている．もっとも，すべての生物を独立栄養あるいは従属栄養として単純に二者択一的に分類できるわけではない．「混合栄養」という生き方も多くの生物で見られる．わかりやすい例としては「ウツボカズラ」や「モウセンゴケ」などの「食虫植物」が挙げられる．植物なので光合成を行うが，同時にハエなどの小さな昆虫を捕獲・消化し，必要な栄養を摂取している．

生態系を支える微生物

　生態系の物質循環を支える縁の下の力持ち（というより主役）は微生物である．たとえばアミノ酸の構成元素である窒素の循環は微生物抜きには語れない．窒素は大気中に窒素ガスとして 78% 含まれる．しかし生産者の植物はそれを直接取り込んで利用することはできない．窒素ガスは2個の窒素原子が非常に強固に結合しており，それをばらすことは植物にはできない．この窒素ガスは窒素固定と呼ぶプロセスによってアンモニウムイオンや硝酸イオンになってはじめて植物が利用可能になる．窒素固定には非生物的なものと生物的なものがある．前者の代表例は大きいエネルギーが放出される雷放電で，大気中の窒素ガスが窒素酸化物になり，さらに雨水にとけ込んで硝酸イオンになって地上に降り注ぐ．一方生物的な窒素固定は細菌の働きによって行われる．複数の細菌が窒素固定能力を有するが代表的なものはマメ科植物の根に寄生し小さな瘤を形成するリゾビウム属を始めとするいわゆる根粒菌だ（**図 6.5**）．根粒菌は大気中の窒素を取り込んでアンモニアに還元し，それがアンモニ

図 6.5 自家製そら豆の根に発達する根粒
豆の出来は悪かったが，根粒の出来は上々．

ウムイオンとなったものを植物は利用する．このような生物学的窒素固定は陸海合わせて 250 TgN/年（T：10^{12}）に達するが人為的に環境中に放出される量も 160 TgN/年 に達する[5]．一方で生物の体に取り込まれたアンモニウムイオンや硝酸イオンはアミノ酸，そしてタンパク質などに合成されて利用され，最終的に分解者によってアンモニアに分解される．アンモニアは（アンモニウムイオンとして）再び生産者に利用される一方で，硝化細菌という独立栄養生物によってアンモニウム → 亜硝酸 → 硝酸まで酸化される．この硝化作用は酸素の多い，好気的環境で進行する．一方この硝酸イオンは酸素のない嫌気的な環境下では従属栄養性の脱窒菌という一群の細菌によって亜硝酸 → 亜酸化窒素を経て窒素（窒素ガス）まで還元される．この脱窒プロセスは，窒素固定によって大気から生物相に取り込まれた窒素を大気へ戻す役目をはたす．窒素固定，硝化，脱窒，この 3 つの微生物が関与するプロセスによって地球規模の窒素循環がなりたっており，それによって大気中の窒素濃度がほぼ一定に保たれてきた（**図 6.6**）．

硫黄の循環にも微生物が深く関わっている．硫黄はシステインというアミノ酸やビタミン B1 に含まれる．岩石中では硫化鉱物や

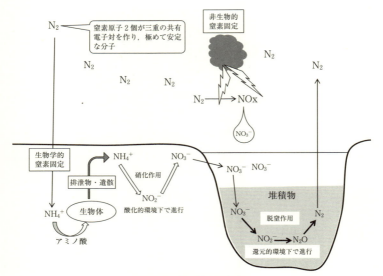

図 6.6 窒素循環模式図
硝化作用は化学合成独立栄養細菌である硝化細菌（群）が，脱窒作用は化学合成従属栄養細菌である脱窒菌（群）が反応を進行させる．

硫酸塩鉱物に含まれ，代表的な鉱物は黄鉄鉱や硬石膏（$CaSO_4$）である．銅，亜鉛，鉛などの非鉄金属の鉱床の多くは硫化物鉱床であり，硫化水素，硫黄酸化物は火山ガスにしばしば含まれる．岩石や鉱床を形成する硫化鉱物は風化によって酸化し，硫酸イオンが形成される．その一部は陸上植物に利用され，残りは河川を通じて海洋へもたらされる．火山ガス中の硫化水素も無機的にあるいは生物の関与で酸化されて最終的に硫黄酸化物となり，水中に溶け込んで硫酸イオンとなる．海水中の硫酸イオンはもちろん生物によって利用され，有機物の構成成分として一緒に堆積物に埋没する．一方硫酸イオンは堆積物中で硫化鉱物が形成されることで直接水圏から除去される．その硫化鉱物形成に微生物（細菌）が関与しているのだ

⑥ 現生生物に見る多様性と生態系——太古代生命理解のために　79

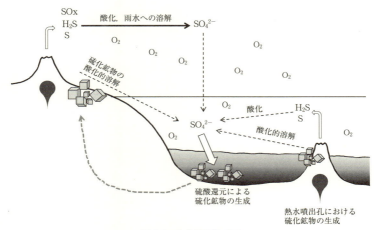

図 6.7　硫黄循環模式図
硫化鉱物の酸化的溶解は基本的には無機的作用であるが，微生物の関与も知られてきた．熱水噴出孔における硫化鉱物の生成は主に温度低下による無機的沈殿．硫酸還元は硫酸還元菌の作用による（詳しくは図 6.8 参照）．

（**図 6.7**）．海にも様々な細菌が生息しており，そのうち従属栄養性のものには酸素が多いと活性が高い好気性のものと，酸素が少ないと活性が高い嫌気性のものがある．後者は堆積物中に含まれる硝酸イオンや 4 価のマンガン，3 価の鉄，硫酸イオンを利用して有機物を分解する細菌群だ．硝酸イオンを用いる細菌は硝酸還元細菌と呼ばれ，脱窒プロセスを担う．硫酸イオンを用いる細菌は硫酸還元細菌と呼ばれ，有機物を分解する際に硫酸を硫化水素にまで還元する．この硫化水素は 2 価鉄（鉄還元細菌によって 3 価鉄から還元されてできる）と反応して黄鉄鉱を形成するのである（**図 6.8**）．細粒な堆積物が固結してできた堆積岩（特に泥岩やシルト岩）にはこのようなプロセスでできた黄鉄鉱がしばしば含まれる．微小な黄鉄鉱結晶の集合体のことを野いちご状黄鉄鉱と呼ぶ．このような硫化鉱

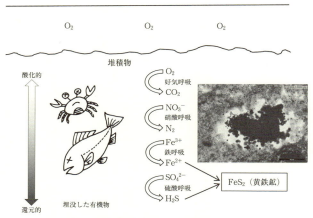

図 6.8　堆積物内部にみられる様々な呼吸
硫酸還元菌は酸素のない還元的な堆積物内部で活性を得て，硫化水素を発生させる．その硫化水素と鉄が結合して黄鉄鉱ができる．写真は中生代の層状チャートの放散虫骨格の内部に形成された野いちご状黄鉄鉱．

物を含む堆積岩が地殻変動で陸化すれば，雨風にうたれることによって風化され，最初のプロセスにもどる．

　微生物（細菌）が主役を担う地球規模の物質循環がいつから始まったのかということも太古代（そして先カンブリア時代）研究の重要なテーマである．上に述べたように窒素サイクル，硫黄サイクルともにそれが完結するには好気的環境と嫌気的環境が存在することが必要だ．ということは酸素のなかった時代，少なくとも今よりははるかに低濃度であった太古代には現在と異なる元素サイクルが存在していたことになる．太古代の生元素サイクルは謎に満ちている．

Box 6 極限環境微生物

極限環境微生物とは，通常の生物が生存できないような環境を好んで生息する生物のことをいう．高温（> 45℃），低温（〜0℃），高 pH（> 9），低 pH（< 5），高塩分（NaCl > 2.5 M），高圧力（> 500 気圧）というような，通常の生物では堪え難いような環境で増殖できる．これまでに知られている最も高温で生育する微生物は，古細菌の一種 *Metanopyrus kandleri* で生育の最高温度は 120℃ を超える[6]．また超好酸性細菌の中には，適正 pH が 0 付近のものさえいる．生物の 3 つのドメインのうち古細菌のほとんどが極限環境に適応しているが，この性質がそもそもこのグループの名前に"古"がついた理由らしい．まるで太古の地球のような環境に生息しているからであるが，古細菌が最も原始的というわけではない．この他に有機溶媒や放射線にも耐性がある細菌も知られており，その代謝の多様性も含めて考えれば微生物の環境適応能力にはまったく驚くほかはない．人間が地球環境を汚染し破壊したあげく絶滅したとしても，彼ら（微生物）にとっては痛くもかゆくもないだろう．

引用文献

1) Mora, C. *et al.* (2011) How many species are there on Earth and in the Ocean? *Plos Biol.*, **9**, e1001127.

2) Pikuta, E.V. *et al.* (2007) Microbial extremophiles at the limits of life. *Critical Rev. Microbiol.*, **33**, 183-209.

3) Woese, C.R., Fox, G.E. (1977) Phylogenetic structure of the prokaryotic domain: The primary kingdoms. *Proc. Natl. Acad. Sci. USA.*, **74**, 5088-5090.

4) Woese, C.R. (1987) Bacterial evolution. *Microbiol. Rev.*, **51**, 221-271.

5) Grubar, N., Galloway, J.N. (2008) An Earth-system perspective of

the global nitrogen cycle. *Nature*, **451**, 293-296.
6) Takai, K. *et al.* (2008) Cell proliferation at 122℃ and isotopically heavy CH_4 production by a hyperthermophilic methanogen under high-pressure cultivation. *Proc. Natl. Acad. Sci. USA.*, **105**, 10949-10954.

原核生物と真核生物,それらをつなぐシアノバクテリア

光合成とその進化

　現生生物はその細胞の構造の違いによって原核生物と真核生物の2種類に分類される(**図 7.1**).前者には核膜によって明確に区切られた細胞核がない.一方後者は細胞核とその他様々な細胞小器官を有する.初期の生命は原核生物で,還元性物質を酸化することで得られるエネルギーを利用して有機物を合成する化学合成独立栄養性であったと考えられている.その前段階として,様々な無機的反応で生成された有機物を摂取する従属栄養生物(的なもの)がいたかもしれない.しかしこのような有機物は早晩枯渇するので,独立栄養性を獲得しない限り生命の持続性は断たれてしまっただろう.

　やがて化学合成とは異なる独立栄養性を獲得した生物が現れる.それが光合成という,無限の太陽(光)エネルギーを利用できる能力である.もっとも最初に進化した光合成は非酸素発生型であり,その後に酸素発生型が現れた(**図 7.2**).非酸素発生型光合成は原

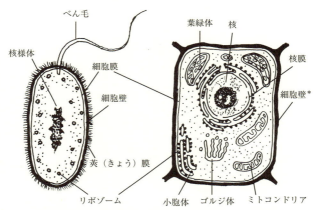

図 7.1 原核生物の細胞（原核細胞）と真核生物（高等植物）の細胞（真核細胞）
一般的な原核細胞の大きさは 0.1〜5 μm，それに対し真核細胞は 10〜100 μm．植物細胞に見られる細胞壁*はセルロース質であり，原核細胞のそれとは本質的に異なる点に注意．（池谷・北里 (2004)[1] をもとに作図．）

核生物のみにみられ，紅色非硫黄細菌，紅色硫黄細菌が知られる．非硫黄細菌は水素を用いて二酸化炭素を還元して有機物をつくる独立栄養性または従属栄養性で，硫黄細菌は硫化水素を用いる．酸素発生型光合成は原核生物であるシアノバクテリアと藻類，そして陸上植物（便宜的の"植物"とする）が行う．植物の光合成の機能を担っているのは細胞内の葉緑体だが，その起源はシアノバクテリアだ．シアノバクテリアが植物の祖先の単細胞生物に取り込まれ，最終的に細胞内小器官の1つである葉緑体になったと言われている．原核生物における酸素発生型光合成はシアノバクテリアに限られており，その他のいくつかの点でもシアノバクテリアは他の細菌と一線を画している．シアノバクテリアは他の細菌に比べるとゲノムサイズ（遺伝子情報量）がはるかに大きく，種類は多様である．また細胞の大型化や多様な分裂様式，細胞の分化と多細胞性などからし

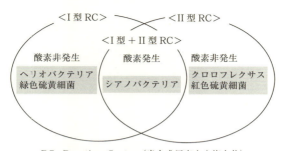

RC: Reaction Center（光合成反応中心複合体）
図 7.2　光合成反応を担う反応中心複合体とそれに対応する光合成

RC（光合成反応中心複合体）とは，光化学系とも呼ばれ，20～30 のタンパク質と光合成色素から構成されている．酸素発生型光合成は 2 つのタイプの光合成系の結合によって可能になった．

てもシアノバクテリアは真正細菌のなかでも別格である．

シアノバクテリアの出現時期

　シアノバクテリアの出現時期については専門家の間でも意見が分かれている．37 億年以前という急進派[2]もいるが，23～24 億年前頃の大酸素事変（GOE: Great Oxidation Event）（後で詳しく述べる）より前には確実に，おそらく 27 億年前頃には出現していたと考えられる．なおもう少し後の 22 億年前頃という考えもある[3]．

　化石記録としては，エイペクス・チャート（35.4 億年前）のものが最古のシアノバクテリアとされたこともあったが，再考の必要性が高い（前出）．一方近年，30 億年以前にすでにシアノバクテリアが存在していた可能性を示唆するデータが少しずつ増えている．1 つは，南アフリカの 32 億年前の地層から産出した巨大な球状の微化石である[4]．この時代にしては珍しく頁岩中に産出し，その直径は最大では 200 μm に達する．さらにこの微化石は有機質の膜からできているので，母岩を塩酸—フッ化水素酸で分解してやると抽出

図 7.3 約 30 億年前（ピルバラ地塊より産出）の球状大型微化石
塩酸—フッ化水素酸処理により母岩のチャートから取り出したもの．空気の抜けた紙風船をつぶしたときのように不規則に折り畳まれている．小さな柱状の物体は処理時にできたフッ化物の結晶と考えられる．長径は 150 μm 近くあるが，突起物や外皮などはなく，シンプルな形状．南アフリカの 32 億年前のもの (Javaux *et al.* (2010)) に対比できる．

することができる．原核細胞には似つかわしくない大きさと，酸に耐性のある有機質膜を形成できるという点は真核生物的でさえある．著者であるリージュ大学の E. シャボーらは，この微化石が多分裂をする球状シアノバクテリアに対応する可能性を示唆している．後で詳しく述べるが，同様な大型球状微化石は，筆者らも西オーストラリア・ピルバラ地塊の約 30 億年前とされる地層にも発見した（**図 7.3**）[5]．また第 4 章で述べた MISS だが，その提唱者の N. ナフクは 29 億年前の MISS はシアノバクテリアによって形成された可能性が高いと述べている．

一方，ストロマトライトの記録からシアノバクテリアの出現時期を考えてみよう．第 3 章でも述べたがストロマトライトはピルバラ地塊の約 34 億年前の地層，スティルリー・プール層に広く分布し，その生物起源性は確立されている．また同じくピルバラ地塊の約 35 億年前の地層，ノースポール地域に分布するドレッサー層のストロマトライトも生物起源の可能性は高い．しかし残念なことに，

ストロマトライト＝シアノバクテリアという単純な図式は成り立たない．ストロマトライト構造，特に上に向かって成長したことを示す柱状やコーン状のものは，それらを作った微生物が光に対してポジティブに応答したことを示唆するものの，酸素発生型光合成細菌であったかどうかについては決定的な証拠とはならない．この問題をユニークな発想で解決しようとした研究がある．マサチューセッツ工科大学の T. ボサクは，シアノバクテリアが光合成の際に酸素を放出するというありきたりの事実に着目した[6]．読者の皆さんは田んぼや水路に繁茂した藻類を観察したことはあるだろうか？あるいは金魚の水槽に入れた水草でもよい．光が十分当たっていれば，彼らは盛んに光合成を行い，酸素を放出する．放出された酸素は小さな泡となって葉の表面などに付着しているが，徐々に大きくなって最終的には水面に向かって浮かび上がって行く．このような現象はシアノバクテリアが構築しつつあるストロマトライトでも起こりうる．現生のシアノバクテリアの円錐状コロニー頂部では活発に光合成が行われ，酸素の泡が形成されることがわかっている．そのような泡は周囲のシアノバクテリアのフィラメントによってトラップされ，埋没・圧密されずに石化すれば"化石"として残りうる（**図 7.4a**）．ボサクはその"泡の化石"が 27 億年前以降のストロマトライトには認められるが，それより古いものにはないか，不明瞭なものしかない，という（図 7.4a）．このロジックに従えば，シアノバクテリアの出現とそれによるストロマトライトの形成は 27 億年以降ということになる．一方西オーストラリアに産する約 27 億年前のバイオマット（ストロマトライトも含む）もその特徴的な形状からシアノバクテリアによって形成された可能性が高いと考えられている（図 7.4b）[7]．

　化石記録に基づいた研究とは異なるアプローチもある．形のある

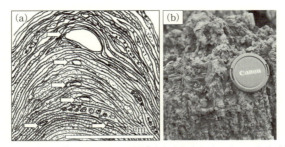

図7.4 シアノバクテリアにより形成されたとされるストロマトライト
(a) モーリタニア産後中期原生代円錐状ストロマトライトの断面図."泡"の化石を矢印で示す.ラミナが垂直近くに立っている側面部には見られない点に注意.(Bosak et al. (2009) をもとに作成.) (b) シアノバクテリアによって形成された可能性が高い27.2億年前のストロマトライト(ピルバラ地塊・タンビアナ層群).D.T. フラネリー博士の好意による.

化石ではなく,分子の化石を対象にしたものだ.生物の死後生体高分子は小さな分子に分解され,最終的には無機化される.しかし中にはタフな分子もあり,条件さえ整えば堆積物に取り込まれた後,10億年以上にわたって安定なものがある.そのような分子の代表が,ステランと2-メチルホパンという分子である.前者は真核生物が作るステロイドに,2-メチルホパンはシアノバクテリアの細胞膜の脂質を構成する2-メチルホパノイドに由来する.これらは分子の化石「バイオマーカー」である.マサチューセッツ工科大学のR. サモンズが率いるグループは,1999年の『サイエンス』に論文を発表し,27億年前の地層からステランと2-メチルホパンを抽出し,当時シアノバクテリアだけでなく真核生物が存在していたことを示唆した[8].その後,これらのバイオマーカーが地層の形成年代よりも後に染み込んだもの,すなわち「コンタミネーション」である可能性が示唆され,その真偽について幾度か議論が戦わされてきた.この論戦の決着はR. サモンズ自身が,きわめて厳密にコント

ロールされた試料採取と分析の結果に基づき，27億年前のバイオマーカー分子はコンタミネーション由来である，と結論づけた論文が2015年に発表することによって決着がついた[9]．しかしこの結果をもってしてシアノバクテリアや真核生物の出現時期は27億年前以降であると結論づけるのは尚早である．あくまでも問題のバイオマーカーがコンタミネーションであった，ということであり，最初は含まれていたが続成作用や変成作用で分解してしまったという可能性も依然残されているのだ．

以上のようにシアノバクテリアの出現時期についても諸説あり，意見の一致をみていない．しかし後述するように，酸化的環境はこれまで考えられていたよりも早い時期に，少なくともローカルには出現していたという研究例が最近増えている．

真核生物の化石記録——その1

初期の真核細胞がシアノバクテリアや好気呼吸をつかさどるミトコンドリアの祖先となったα-プロテオバクテリアの共生によって成立したという連続共生説（コラム：連続共生説）は，今や広く受け入れられている学説だが，それ以前の進化のシナリオをみてみよう．ノーベル賞学者 C. ドデューヴは，現生生物と同様の DNA 機構を有した LUCA (Last Universal Common Ancester) からまず古細菌と真正細菌が分かれ（37億年頃前），その後まもなく古細菌から原初真核生物（ウルカリオート）が，そして原始真核生物（プロトユーカリオート）が $20+\alpha$ 億年前に出現したという説を唱えた．古細菌と真核生物の間には進化上密接な関係があるという考え方は，今や広く受け入れられているが，その詳細についてはわからないことが多い．一方ほとんどの古細菌（と真正細菌）が有する細胞壁があるかぎり，ミトコンドリアや葉緑体のもとになった細菌を

飲み込む食作用ができない．したがって原初真核細胞はそれまで持っていた細胞壁をどこかの段階で失ったか，あるいはそもそも細胞壁を持っていない古細菌が原初真核生物であったと考えられている．古細菌のサーモプラズマ属は原核生物としては例外的に細胞壁を欠いており，その結果多様な形態を示し，時に細胞同士が融合する．このサーモプラズマ属が真核細胞の起源であるかどうかは別として，同様な性質を持った古細菌が原初真核細胞としての道を歩み始めた可能性は高い．

ところで最古の真核生物化石として多くの教科書で紹介されているのが，北米・ミシガン州の21億年前の地層（ネゴーニー縞状鉄鉱層）のグリパニア・スピラリスである．この化石は1992年のUCLAのT.M. ハンとB. ラニガーとによって『サイエンス』に発表された[10]．そもそもグリパニアとはモンタナ州，中国，そしてインドの原生代後期からすでに報告されていた，地層面にコイル様の印象として残されたヒモ状の化石で，大きいもので直径2 mm，長さは50 cmに達する．保存のよい化石から，それらはもともとスパゲッティのように円形の断面を有していたことがわかっている．先端はまれに丸まっており，インドと中国のものはヒモの伸長方向に直角な筋が無数に入っている．この生物は螺旋状の繊維を内部に持ち，その生存中も死んだ後もコイル状の形態を保っていたらしい．ネゴニー縞状鉄鉱層から見つかったものは，幅が0.7から1.1 mmで，最大長は9 cmである．新しい時代のものにくらべると小さく，筋状構造は観察されていない（**図7.5**）．

現生生物でグリパニアに対応するものはいないが，ヒモ状の群体や鞘を形成するものはいくつかの原核生物に知られている．しかしハンとラニガーはそのサイズや形態の複雑性から，真核生物と考えることがもっともらしいと述べている．ただ論文の中では『もし

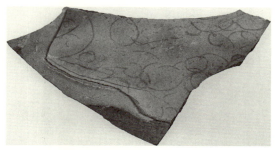

図7.5 真核生物的な化石とされる, 21 億年前のグリパニア
「蒲郡市生命の海科学館」所蔵の標本. コイル状のもののサイズは直径3〜9 cm.

これが真核生物の痕跡であると正しく解釈されているなら……」と慎重な言い回しを使っており, 少なくとも表面上はこの21億年前のグリパニア・スピラリスが真核生物だとは強く主張していない. NASAのアストロバイオロジー研究所の所長もつとめたラニガーとは2005年にパースで開かれたワークショップで会ったことがある. そこで筆者は自分が発見した太古代の大型微化石群をはじめて公に発表している. 30分近くにわたってその生物起源性を力説し, 反論がほとんどなかったこととビールで気が大きくなって, 懇親会の席で彼のテーブルに行った.

「私の見つけた太古代の大型の微化石をどう思いますか?」
と尋ねると, 彼は冷たく
「ノー・コメント」
という言葉を放った. めげずに再び聞くと, 強い調子で「ノー・コメント」. それ以上聞かなかったのはいうまでもない.

真核生物の化石記録——その2

2010年の『ネイチャー』に刺激的な論文が発表された. ポワティエ大学のA. エル・アルバニらが, 西アフリカ・ガボン共和国の

図7.6 ガボン共和国の21億年前の地層から産出する多細胞化石とされるもの
(a) は地層面の写真で，地層に平行に平べったいクラゲ状の化石が多数含まれていることを示す．(b) はその化石をマイクロCT-スキャンで撮影したもの．内部にスリットが発達していることがわかる．いずれの写真もエル・アルバニ博士（ポワティエ大学）の好意による．→ 口絵5参照．

21億年前の地層から肉眼サイズの大きい化石（ということにする）を発見したのだ[11]．それだけなら前節で触れたグリパニアと変わるところはないが，ガボンの化石は多細胞生物的でさえある．

ガボンの化石は平べったい形をしており，十数以上の地層面から計250標本が採取されている（図7.6）．たくさん見つかるということも先カンブリア時代の化石研究では重要だ．上からみるといびつな形をしたクラゲのようであり，長径が7 mmから120 mm，短径が5 mmから70 mmで，厚さは1 mm未満から10 mmである．ほとんどの標本が外縁にむかって放射状に伸びる筋模様があり，マイクロCTスキャンで観察すると，スリットのようになっていることがわかった．大型の標本は中央部に団塊のような構造を持つ場合がある（図7.6b）．この物体は黄鉄鉱でできており，その硫黄同位体組成は，硫酸還元菌の働きによってできたことを示している（第4章参照）．硫酸還元菌は従属栄養生物なので，その構造には有機物が含まれていたと考えられる．実際有機物も一部に残されており，炭素同位体組成は生物起源であることを示している．エル・アルバ

ニらはこの構造物が生物体であり，その死後硫酸還元菌の働きによって黄鉄鉱に置換されたと推測しているが，このような現象は新しい時代の化石ではそれほど珍しくない．一方この発見に否定的な意見もあるようだ．ある著名な先カンブリア古生物学者が「フン，ただの黄鉄鉱のノジュール（団塊）さ」と一刀両断に切り捨てていたのが思い出される．

真核生物の化石記録？——その3

確実な最古の真核生物として最も広く受け入れられているものの1つに，E.J. シャボーらが報告した，約16億年前の「アクリターク」がある[12]．アクリタークとは酸（フッ化水素酸＋塩酸）に不溶の有機質の膜でできた中空の微化石で，特定の分類群に帰属させることができないものを総称した言葉だ．一般には真核生物の化石と考えられているが，必ずしもそうである必要はない．アクリタークは原生代以降多産するが，以下のような特徴を多く持てば持つほど真核生物の可能性は高くなる[13]（図 7.7, 7.8）．

1) 大型である（$> 20\,\mu m$）．
2) その表面から多くの突起（専門的には「プロセス」と呼ばれている）が出ている．
3) 微化石を形成する有機質膜にミクロン・スケールの幾何学的な表面構造（「オーナメント」と呼ばれている）が見られる．
4) 有機質膜（細胞膜）が複数の薄層から構成されている（原核細胞は一層）．

これらの特徴のうち，1)から3)は最近まで真核細胞に特徴的と考えられてきた細胞骨格（タンパク質の繊維）の存在に関係してい

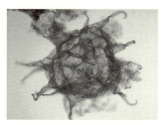

図 7.7 プロセス（突起物）のあるアクリターク

これはエディアカラ期（約6億年前）のもの．球状の本体の直径は約 100 μm．K. グレイ博士（元西オーストラリア地質調査所）の好意による．

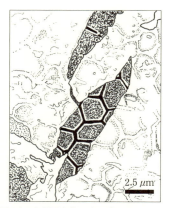

図 7.8 中期原生代の中国産アクリターク

真核生物（細胞）としての重要な特徴．細胞壁外皮や内皮の表面に見られるミクロン・スケールの多角形構造．(Knoll *et al.* (2006)[14]をもとに作成．)

る．細胞骨格は，細胞内の物質を能動的に運搬し，それにより細胞が大型化しても生命活動が円滑に行える．また細胞膜やその外側の外皮にプロセスやオーナメントが形成されるのも，細胞骨格の存在が不可欠とされる．近年，原核細胞にも細胞骨格が存在し，細胞分裂や細胞の形の維持を担っていることが明らかになってきたが，上

記の特徴を複数,特に 4) を有する場合,真核細胞と考えてまず間違いないとされる.

Box 7　連続共生説

　連続共生説とは,現生の真核生物の細胞がどのように進化・成立したかに関する1つの仮説であり,ボストン大学の故 L. マーギュリスによって唱えられた(発表時は故 C. セーガンと婚姻関係にあったため,名字はセーガンとなっている)[15] (**図 7.9**).この仮説の要点は,真核細胞に特徴的に含まれる細胞小器官であるミトコンドリアと葉緑体

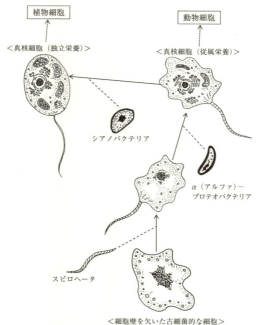

図 7.9　細胞内共生説にもとづく細胞進化のモデル図
(マーギュリス (2004)[16] をもとに作成.)

の起源にある.ミトコンドリアは好気呼吸をつかさどるエネルギー工場で,葉緑体は酸素発生型光合成を行う太陽光発電機と言ってよいだろう.これらの細胞小器官がそれらの含まれる細胞内で形成されたのではなく,そもそも別に生きる異なる細菌であり,真核細胞のもとになった単細胞生物に取り込まれて一体化したという考え方だ.この仮説は,ミトコンドリアにも,葉緑体にもそれぞれ独自の DNA が含まれるという事実によって強く支持される.ミトコンドリアは α-プロテオバクテリアのうちのリケッチア,葉緑体はシアノバクテリアと共通の祖先を有していた可能性が指摘されている.

引用文献

1) 池谷仙之・北里洋(2004)『地球生物学——地球と生命の進化』,東京大学出版会.
2) Rosing, M.T., Frei, R. (2004) U-rich Archaean sea-floor sediments from Greenland-indications of > 3700 Ma oxygenic photosynthesis. *Earth Planet. Sci. Lett.*, **217**, 237-244.
3) Kirschvink, J.L., Kopp. R.E. (2008) Palaeoproterozoic ice houses and the evolution of oxygen-mediating enzymes: the case for a late origin of photosystem II. *Phil. Trans. R. Soc.*, **B 363**, 2755-2765.
4) Javaux, E.J. *et al.* (2010) Organic-walled microfossils in 3.2-billion-year-old shallow-marine siliciclastic deposits. *Nature*, **463**, 934-938.
5) Sugitani, K. *et al.* (2009) Taxonomy and biogenicity of Archaean spheroidal microfossils (ca. 3.0 Ga) from the Mount Goldsworthy-Mount Grant area in the northeastern Pilbara Craton, Western Australia. *Precambrian Res.*, **173**, 50-59.
6) Bosak, T. *et al.* (2009) Morphological record of oxygenic photosynthesis in colonial stromatolites. *Proc. Nat. Acad. Sci. USA.*, **106**, 10939-10943.

7) Flannery, D.T., Walter, M.R. (2011) Archean tufted microbial mats and the Great Oxidation Event: new insights into an ancient problem. *Aust. Jour. Earth Sci.*, **59**, 1-11.
8) Brocks, J.J. *et al.* (1999) Archean molecular fossils and the early rise of eukaryotes. *Science*, **285**, 1033-1036.
9) French, K.L. *et al.* (2015) Reappraisal of hydrocarbon biomarkers in Archean rocks. *Proc. Nat. Acad. Sci. USA.*, **112**, 5915-5920.
10) Han, T.-M., Runnegar, B. (1992) Megascopic eukaryotic algae from the 2.1-billion-year-old Negaunee Iron-Formation, Michigan. *Science*, **257**, 232-235.
11) El Albani, A. *et al.* (2010) Large colonial organisms with coordinated growth in oxygenated environments 2.1 Gyr ago. *Nature*, **466**, 100-104.
12) Knoll, A.H. (2014) Paleobiological perspectives on early eukaryotic evolution. *Cold Spring Harb. Perspect. Biol.*, **6**, 1-14.
13) Javaux, E.J. *et al.* (2003) Recognizing and interpreting the fossils of early eukaryotes. *Origins of Life and Evolution of the Biosphere*, **33**, 75-94. .
14) Knoll, A.H. *et al.* (2006) Eukaryotic organisms in Proterozoic oceans. *Phil. Trans. Roy. Soc.*, **B361**, 1023-1038.
15) Sagan, L. (1967) On the origin of mitosing cells. *J. Theoretical Biol.*, **14**, 225-274.
16) L. マーギュリス (2004)『細胞の共生進化 (上・下) ——始生代と原生代における微生物群集の世界』(永井進訳), 学会出版センター.

先カンブリア時代の地球表層環境

大気と海洋の起源

　地球だけでなく太陽系の他の惑星も原始太陽系星雲のガスや塵から形成された直径数 km の微惑星の衝突・合体により（原始惑星を経て）成長したと考えられている（第5章，図5.2参照）．かつて，太陽系の惑星群は宇宙空間に漂う水素を主体としたガスや微小な塵がゆっくり集まって形成されたと考えられていたが，現在ではこの説を信じる研究者はほとんどいない．6500万年前に恐竜とその他多くの生物を絶滅に追いやったような微惑星の衝突が数限りなく繰り返された．この衝突の際に微惑星に含まれていた水や窒素，二酸化炭素などの揮発性成分が放出されて水蒸気を主体とする厚い原始大気となった．水蒸気は強い温室効果を持つので，水蒸気大気は衝突時に放出されたエネルギーを地球に閉じ込める．その結果地表面は 1000 度を超える高温になり，その結果ドロドロに溶けてマグマの海，マグマオーシャンになったと考えられている[1]．

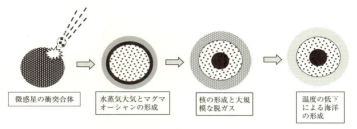

図 8.1 地球の初期成長と大気形成プロセス

　マグマオーシャンの中では岩石に含まれていた鉄とケイ酸塩が分離し，軽いケイ酸塩鉱物は浮き上がり，重い金属鉄は沈んでマグマオーシャンの下部に集積する．集積した鉄はその下にある物質より密度がはるかに大きく，やがて地球の中心部へ一挙に落ち込む．このようにして地球の中心核が形成されたと考えられているが，その際にも大規模な脱ガス（地球内部からの揮発性成分の放出）が起こったとされている（**図 8.1**）．やがて微惑星の衝突も少なくなり，地表面の温度が下がってくる．そして浮いたケイ酸塩鉱物は固結し，初期の地殻となる．ここで中心核があることの意義について触れたい．地球の中心核は金属鉄を主要成分とし，そこに炭素などの軽い元素が混ざっている．外核と内核に分けられ，前者は液体，後者は固体である．液体の金属鉄が対流することによって地球を取り巻く磁場が形成されると言われている．この磁場の存在は生命の出現と進化に重要な役割を担っている．磁場がないと，宇宙や太陽からやってくる致死的な宇宙線（高エネルギーの粒子）が地球に降り注ぐからだ．

　マグマオーシャンが終わり，大気の温度が下がって水蒸気の凝結点に達すると，それこそ土砂降りの雨が降り海洋が形成される．現在の海洋がすべて水蒸気大気になっていたとして単純計算すると，

その気圧は約 300 気圧に達する.それが一挙に雨となって降りそそいだのだ(図 8.1).一方,マグマオーシャンの引き金となった微惑星の衝突だけでは現在の大気や海洋の起源を説明するには不十分だと考える研究者も多い.なぜなら地球の周辺で形成された微惑星は,太陽に近いため高温にさらされて揮発性成分に乏しかった可能性が高いからだ.では何が揮発性成分をもたらしたのか? 有望視されているのがすい星である.すい星は有機物と氷の塊であり,汚れた雪だるまとも言われる.現在,すい星は長大な楕円軌道を描いて太陽の周りを公転しているが,もともとは木星より外側に形成された微惑星の残骸で,原始太陽系星雲に多く含まれた氷や有機物が蒸発せずに残されている.すい星は水だけでなく,生命の材料物質も供給したと考える研究者も多い.ところが 2014 年に『サイエンス』に発表された最新の研究結果は,この話を少々ややこしくさせる[2].探査衛星によってすい星(短い公転周期を有する木星族すい星)の水の同位体比(D/H:ここで D は質量数 2 の重水素である)を測定すると,なんと地球の 3 倍の値を示すことがわかったのである.このことは木星族すい星が地球表層部に存在する揮発性成分の主要なソースになりえないことを示しているのだ.

太古代,地球は今より熱かった?

生命の熱水起源説のところで述べたように,太古代の海水の温度は 70℃ もの高温であった可能性が指摘されているが,ここでは太古代の地表温度について考えてみたい.

地表の温度をコントロールするのは主に

1) 太陽からの放射(熱)
2) 地表や雲による反射と吸収,放射

3) 地熱
4) 温室効果

この4つである．現在の地表ではその熱の大部分が太陽エネルギー（太陽放射）に由来し，地熱はごくわずかだ．一方地球ができて間もない頃は現在より遥かに大きい地熱エネルギーが地表に供給されていた．地熱エネルギーは微惑星の衝突合体時に放出されたエネルギー，そしてマントルや地殻に含まれている放射性元素が崩壊するときに放出されるエネルギーが地球内部に蓄えられたものだ．地球史初期における地熱エネルギーの地表温度への寄与についての正確な見積もりはあまりないが，急速に減少していったと考えられる．太陽の活動は必ずしも一定ではない．黒点数の増減で知られるように，活発でより多くの熱エネルギーを地球にもたらす時期，停滞して地球に十分なエネルギーがもたらされない時期がある．このような短期間の変動とは別に，もっと長期間にわたる太陽の状態変化がある．太陽は徐々にその光度を増しており，30億年前は今よりずっと暗かったと言われている．当時は現在の80%程度の光度しかなかったはずで，このような低い光度では，地熱の寄与を差し引いても地球を暖かい状態にするにはほど遠かったとされる．にもかかわらず25億年前より古い地層には氷河が発達した記録はなく，むしろ先に述べたように現在よりもずっと熱かった可能性のほうが高い．今から30億年前の海水温が70度を越えたという説に対して反論がない訳ではないが，当時の地球は十分暖かかったのは間違いないであろう．これは「暗い太陽のパラドクス」と呼ばれている（**図 8.2**）[3]．このパラドクスを解く鍵は，先に挙げた地表の温度を決める要因の1つ，温室効果である．ペンシルバニア州立大学のJ.F.キャスティングは太古代の大気に大量にあった二酸化炭素の温室効果

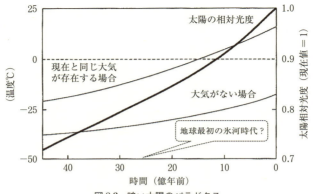

図 8.2 暗い太陽のパラドクス
地球史を通じて大気の組成が現在と変わらないとすると,太古代の地球は凍り付いていたはず.しかしそのような証拠はなく,相当の温室効果があったはず.(Kasting (1987) をもとに作成.)

が暗い太陽を補って余りあり,地球を暖めていたと考えた[4,5].最近では二酸化炭素に加えてメタンも無視できない温暖化ガスであったことが言われている.地球温暖化というグローバルな問題において目の敵にされている二酸化炭素とメタンがかつては地球を暖める役割を担っていたとは皮肉だ.もっとも現在でも二酸化炭素とメタンが適量あり,その量が生物活動によってほぼ一定量にコントロールされているからこそ,全球的にみれば約 15°C という平均気温が維持されている.

縞状鉄鉱層の起源とその意義

縞状鉄鉱層は先カンブリア時代を特徴づける堆積岩の1つである(図 8.3).38 億年前から 19 億年前まで産出し,27 億年前から 19 億年前の間に最もたくさん見られる.縞状鉄鉱層は赤鉄鉱 (Fe_2O_3),磁鉄鉱 (Fe_3O_4) などの鉄の酸化物鉱物が濃集した層と石英 (SiO_2)

図8.3 縞状鉄鉱層（品位が低いチャート質のもの）
黒い部分は赤い部分に比べて鉄に富む．→ 口絵6参照．

の集合体であるチャート層の互層である．それ以外にも鉄の炭酸塩鉱物やケイ酸塩鉱物からなる縞状鉄鉱層もある．縞状鉄鉱層で重要な点は，18億年前以降では7億年前あたりの一時期を除き形成された形跡がないことだ．このことは，18億年前以降の海水の中には一時期を除いて鉄がほとんど含まれていなかったことを示す．事実現在の海洋底には縞状鉄鉱層に対応するような鉄に富んだ堆積物は（熱水噴出孔周辺は別として）見られない．それには理由がある．鉄という元素は酸素が豊富にある酸化的環境下では3価鉄（Fe^{3+}）となり，水酸化物や酸化物として安定である．したがって陸上の岩石が風化され，鉱物に含まれた溶解性の高い2価鉄（Fe^{2+}）が放出されても，直ちに酸化されて沈殿しその多くが土壌に捕捉されてしまう．またpHが中性付近の河川水に溶けている鉄の濃度はアルカリ性の海水よりも高いが，河口付近で海水と混合すると，pHの変化によって急速に水酸化物微粒子を形成する．さらにその水酸化物粒子はその他の懸濁物（微小な固形物で微生物の遺骸や粘土粒子からなる）とともに凝集し沈殿除去される．結果的に外洋にもたら

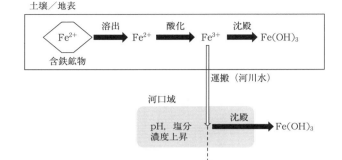

図 8.4 現在の地球表層部における鉄の挙動
風化で溶出した 2 価鉄は 3 価になり沈殿する．中性の河川水中に溶けているわずかな鉄も河口部で pH の上昇などにより，沈殿除去される．

される鉄の量は限られるうえ，鉄はプランクトンにとって必須の栄養素なので，海洋表層であっという間に吸収・消費されてしまう（**図 8.4**）．場所によっては鉄の量が少ないがために，その他の栄養塩（窒素やリン）が豊富でもプランクトンの発生量（一次生産量）が頭打ちになっているところがあるくらいである．話を先カンブリア時代の海洋に戻すと，縞状鉄鉱層の形成は，海洋の少なくとも一部が酸素に乏しく還元的で，大量の溶存鉄を含んでいることを必要とするのである．

では太古の海洋のどこでどのように縞状鉄鉱層は堆積したのだろうか？　以下のようなモデルが（特にスペリオル型縞状鉄鉱層と呼ばれるものについて）教科書などでしばしば紹介されている．

1) 海洋の深層部は還元的で 2 価鉄が蓄積されており，表層部はシアノバクテリアが生産する酸素によって酸化的になってい

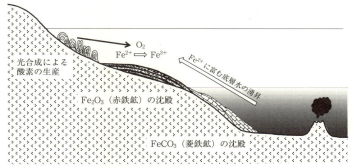

図 8.5　縞状鉄鉱層形成プロセス
2価鉄に富む還元的な深層水が酸化的な浅海部に上昇（湧昇）することで形成されたと一般的には考えられている．より深い還元的な場所では2価鉄のまま炭酸塩鉱物（菱鉄鉱）として沈殿したこともあるようだ．(Klein and Beukes (1989)をもとに作成．)

た（図 8.5）．
2) 鉄に富んだ深層水が断続的に湧昇流によって酸化的な表層に供給されて浅い大陸縁辺で酸化沈殿した．

気付かれた読者もいるかもしれないが，このモデルだけではシアノバクテリア出現以前と考えられる38億年前の縞状鉄鉱層の成因を説明できない．もっとも縞状鉄鉱層の成因は1つではなかったと考えるのが最近では主流である．たとえば，化学合成細菌の鉄バクテリア[6]や光化学反応で大気中に生成した過酸化水素による2価鉄から3価鉄への酸化[7]である．また図8.5とは逆に，浅いところで炭酸塩相（菱鉄鉱）の縞状鉄鉱層が，深いところで酸化物相（赤鉄鉱・磁鉄鉱）の縞状鉄鉱層が形成されている例もある[8]．

大酸素事変——その1

今から24.5〜23億年前頃は，大気の酸素濃度が急激に上昇したと

考えられており,それを大酸素事変(Great Oxygenation Event:グレートオキシジェネーションイベント)と呼んでいる.以前からこの年代を前後して,大気中の酸素濃度と密接に関連する堆積物が,地質記録に現れる,あるいは消滅することが知られていた(図8.6).その1つは河床成の黄鉄鉱-閃ウラン鉱鉱床だ[9].これは岩石や地層に含まれる黄鉄鉱(FeS_2)や閃ウラン鉱(UO_2)が風化浸食によって砂粒となり,河川を流れ下るうち特定の場所に濃集してできる.ちなみにこのような鉱床は現在では形成されない.その理由は大気中の酸素である.黄鉄鉱や閃ウラン鉱は酸素が存在すると酸化・溶解する.黄鉄鉱から溶け出した鉄は酸化鉄として再沈殿するが,閃ウラン鉱のウランはウラニルイオン(UO_2^{2+})として溶解した状態で安定なのだ.

すなわち,黄鉄鉱-閃ウラン鉱鉱床が形成したということは,大

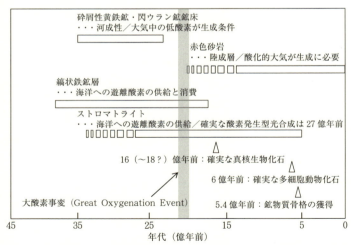

図8.6 大酸素事変に年代の制約を与える地質学的上のイベントと生物進化に関わる重要な化石記録

気中に酸素がなかったことを意味する．この鉱床が見られるのは24億年前より古い地層に限られている．一方で20億年前以降特徴的に産出するのが，赤色砂岩層だ．これはよく円磨された石英の砂粒が固結してできた堆積岩だが，砂漠のような環境で形成されたと考えられている[10]．この砂粒は鉄の酸化物鉱物である赤鉄鉱（鉄さび）の皮膜により覆われており，その鉄さびの色により赤色を呈する．この赤鉄鉱の皮膜は，溶解性の高い2価鉄が酸素によって酸化されて形成されたと考えられている．式8.1, 8.2には2価鉄が3価に酸化され水酸化鉄として沈殿し，さらに水が抜けて最終的に赤鉄鉱になるプロセスを表した．

$$Fe^{2+} + 0.5O_2 + H_2O + e^- \rightarrow FeO(OH)\downarrow + H^+ \qquad (8.1)$$

$$4FeO(OH) \rightarrow 2Fe_2O_3 + 2H_2O \qquad (8.2)$$

すなわち，赤色砂岩の形成には大気中に遊離酸素が存在することが必要になる．これらの2つのまったく異なるタイプの堆積物が22〜24億年を境として地質記録で入れ替わることから，この時代に大気中に酸素が増え始めたと考えられている．

またこれに関連する堆積物としては，縞状鉄鉱層やストロマトライトがある．前節で述べたように，縞状鉄鉱層は2価鉄が遊離酸素によって酸化されることで形成された．一方その遊離酸素を生成したのは酸素発生型光合成細菌のシアノバクテリアである．シアノバクテリアはストロマトライトを構築することができる．先述したように，ストロマトライトの形成は35億年前にさかのぼるが，地質記録として多量にかつ広範囲に出現し始めるのは27億年前頃になる．この27億年前以降出現するストロマトライトがシアノバクテリア起源であることに異論を挟む研究者は少ない．

24.5億年前までは大気中にほとんど酸素が含まれていなかったが,それはシアノバクテリアによって生産された酸素が縞状鉄鉱層の形成（2価鉄の酸化）に費やされたと考えればつじつまが合う.実際には2価鉄以外にもメタンや硫化水素など,酸素を消費する還元性の物質が存在しており,海洋で生産された酸素が大気に出てくるためには,これらの物質が存在する限り困難だったはずである.海洋に2価鉄を供給していたのは海底火山活動であったと考えられるが,それもマントルの温度が徐々に下がってくるに従って沈静化した.すなわち新たに海洋へ供給される2価鉄は減り,一方でシアノバクテリアが生産した酸素によって既存の2価鉄はどんどん消費される.ついには海洋への2価鉄の供給速度に消費（酸化）速度が追いつくと間もなく縞状鉄鉱層の形成も終わりを迎える.シアノバクテリアによって作られた酸素は海洋表層に満ちあふれ,さらに大気に蓄積するのである（**図 8.7**）.大気が酸化的になると黄鉄鉱は式8.3のように溶解し（これを「酸化的風化 "Oxidative Weathering"」と呼ぶ）,黄鉄鉱（-閃ウラン鉱）鉱床は形成されなくなる.一方,黄鉄鉱などの風化溶解でできた2価鉄は,酸素が十分あると再び酸化され3価鉄になり,中性以上のpHで水酸化鉄として沈殿することになる.これで赤色砂岩の形成がはじまる.

$$4FeS_2 + 15O_2 + 8H_2O \rightarrow 2Fe_2O_3 + 8SO_4^{2-} + 16H^+ \tag{8.3}$$

話ができすぎではないか？ と勘ぐっている読者がいるかもしれない.実際ペンシルバニア州立大学の大本洋を代表として,上記の教科書的モデルに異論を唱える研究者もいるし[11],後に述べるように,大酸素事変以前の酸化的環境の存在の証拠も徐々に集まり始めている.いずれにしても教科書的モデルに対して,根拠がなくともとりあえず「ホンマかいな？」と噛み付いてみるのも悪いことでは

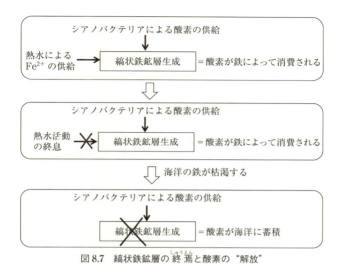

図 8.7 縞状鉄鉱層の終焉と酸素の"解放"

ない.

大酸素事変——その2

 黄鉄鉱-閃ウラン鉱鉱床, 赤色砂岩層, 縞状鉄鉱層, ストロマトライトなどの地質記録に基づいた, 大気の酸素濃度上昇モデルが, ある研究をきっかけとしてあらためて注目されることになる. それは, メリーランド大学の J. ファーカーらによる, 太古代から原生代にかけての硫黄同位体比に関する「質量非依存性同位体分別」の研究である[12, 13].

 これは硫化鉱物や硫酸塩鉱物に含まれる硫黄の同位体比 $^{33}S/^{32}S$ と $^{34}S/^{32}S$ 関係性に着目したものである. 先に述べたように硫黄の同位体比は微生物活動によって変動する. 同位体比の変動, いわゆる同位体分別は同位体間の質量の違いに依存する. したがって同じ同位元素でも質量差が大きければ大きいほど, その分別の程

度は大きくなる．ここで ^{33}S と ^{32}S の組合せと ^{34}S と ^{32}S の組合せに着目した場合，前者は質量数 32 に対して質量差 1，後者は質量数 32 に対して質量差 2 であり，後者のほうが質量数に対する差が大きい．したがってこの 3 つの同位体間の分別を見た場合，^{33}S–^{32}S と ^{34}S–^{32}S では後者のほうが前者に比べて常に一定の割合でより大きい分別を示す．これを質量依存性同位体分別（Mass-dependent Isotopic Fractionation）という．ところが，この質量依存性同位体分別がある年代を境として成立しないのだ．それが 23 億年前であり，それより以前の硫黄同位体比は質量数差に依存せず，質量非依存性同位体分別（Mass-independent Isotopic Fractionation，略して MIF：マスインディペンデントアイソトープフラクショネーション）を示す（**図 8.8**）．このような MIF を説明することができるのは，『酸素を含まない還元的な大気において，紫外線が火山ガスに含まれる硫黄酸化物を解離し，元素硫黄と硫酸にする際に生じる同位体分別だけである』とファーカーらは主張した．この研究の反響は大きく，またも大本洋のグループによる反論はあったものの[14]，前期原生代までの還元的大気の継続というシナリオは他の研究者によるフォローアップを得て揺るぎないものとなっているようだ．

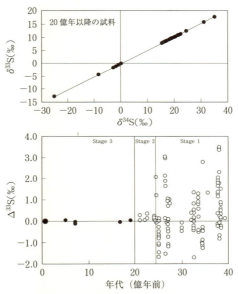

図 8.8 硫黄の質量非依存性同位体分別
上図は同位体分別が質量に依存している状態．非依存の場合，この直線から外れてプロットされる．下図はその直線からのずれ（$\Delta^{33}S(‰)$）が年代とともにどう変化するかを表したもの．（ともに Farquhar and Wing (2003) をもとに作成．）

Box 8　酸素は両刃の剣

　酸素にまつわるエピソードをこれほど詳しく述べるのには理由がある．遊離酸素の有無とその濃度は，生物の代謝に密接に関係するからだ．酸素の多い環境を好む好気性の微生物は，パスツール・ポイントという現在の大気中の酸素濃度の 100 分の 1（0.01 PAL: Present Atmospheric Level，現在の大気中の酸素濃度を 1 として過去の大気中酸素濃度を相対的に表す）を境として，好気呼吸と発酵を使い分ける．好気呼吸は糖などの基質を酸素で分解し，生命活動におけるエネルギーの通貨と呼ばれる，アデノシン三リン酸（ATP）を合成する．発

酵でも ATP を合成することに変わりはないが，効率が桁違いに悪い．好気呼吸ではブドウ糖 1 分子から 36 個の ATP が合成できるのに対して，発酵では 2 個にすぎない．

$$C_6H_{12}O_6 + 6O_2 \rightarrow 6H_2O + 6CO_2 \quad (好気呼吸) \tag{8.4}$$

$$C_6H_{12}O_6 \rightarrow 2C_2H_5OH + 2CO_2 \quad (アルコール発酵) \tag{8.5}$$

このように好気呼吸は発酵に比べてはるかに効率がよい．真核生物が様々な細胞小器官を維持・連携させて複雑な生命活動を営むためにはたくさんのエネルギーが必要だが，そのためには好気呼吸が必須だ．さらにいえば，多細胞化し高度な運動機能を獲得するためにも好気呼吸が備わっていなければならない．好気呼吸は高い遊離酸素濃度の存在を前提とする．したがって酸素が重要なのだ．一方酸素は反応性が高く，有機物である生体分子を酸化できるし，好気呼吸の過程でさらに反応性の高い活性酸素と呼ばれる状態に変換される．活性酸素は有害なので，好気性生物はそれらを分解・無害化する酵素（カタラーゼなど）を備えている．

地球上に遊離酸素が増え始めると，それまでにはなかった酸素による生体有機分子の分解という大きなリスクに生物は直面することになった．好気呼吸という高効率なエネルギー生産システムを手に入れるためにはこのリスクを克服することが必要だったのだ．

引用文献

1) Abe, Y., Matsui, T. (1986) Early evolution of the Earth: Accretion, atmosphere formation, and thermal history. *Jour. Geophys. Res.*, **91**, E291-302.

2) Altwegg, K. *et al.* (2014) 67P/Churyumov-Gerasimenko, a Jupiter family comet with a high D/H ratio. *Science*, **347**, 1261952-1〜3.

3) Sagan, C., Mullen, G. (1972) Earth and Mars: Evolution of atmospheres and surface temperatures. *Science*, **177**, 52-56.

4) Kasting, J.F. (1987) Theoretical constraints on oxygen and carbon dioxide concentrations in the Precambrian atmosphere. *Precambrian Res.*, **34**, 205-229.

5) Kasting, J.F. (1993) Earth's early atmosphere. *Science*, **259**, 920-926.

6) Chi Fru, E. *et al.* (2013) Fossilized iron bacteria reveal a pathway to the biological origin of banded iron formation. *Nature Commun.*, **3050**, 1-7.

7) Pecotis, E. *et al.* (2015) Atmospheric hydrogen peroxide and Eoarchean iron formations. *Geobiology*, **13**, 1-14.

8) Klein, C., Beukes, N.J. (1989) Geochemistry and sedimentology of a facies transition from limestone to iron-formation deposition in the early Proterozoic Transvaal Supergroup, South Africa. *Econ. Geol.*, **84**, 1733-1774.

9) Frimmel, H.E. (2005) Archaean atmospheric evolution: evidence from Witwatersrand gold fields, South Africa. *Earth-Sci. Rev.*, **70**, 1-46.

10) Eriksson, P.G., Cheney, E.S. (1992) Evidence for the transition to an oxygen-rich atmosphere during the evolution of red beds in the Lower Proterozoic sequences of southern Africa. *Precambrian Res.*, **54**, 257-269.

11) Ohmoto, H. *et al.* (1999) Redox state of the Archean atmosphere: Evidence from detrital heavy minerals in ca. 3250-2750 Ma sandstones from the Pilbara Craton, Australia: Comment. *Geology*, **27**, 1151-1152.

12) Farquhar, J. *et al.* (2000) Atmospheric influence of Earth's earliest sulfur cycle. *Science*, **289**, 756-759.

13) Farquhar, J., Wing, B.A. (2003) Multiple sulfur isotopes and the

evolution of the atmosphere. *Earth Planet. Sci. Lett.*, **213**, 1-13.
14) Ohmoto, H. *et al.* (2006) Sulphur isotope evidence for an oxic Archaean atmosphere. *Nature*, **442**, 908-911.

9

太古代表層環境に関する新知見
——酸素を巡って

モリブデンと酸素

　モリブデン(Mo)というレアメタルがある．地殻における存在度が，1.5 ppm (ppm: 100万分の1) と非常に低いが，生物学的にはきわめて重要な元素で，すべての生物にとって必須である．モリブデンを含む酵素や補酵素は多数あり，根粒細菌の窒素固定（第6章参照）をになうニトロゲナーゼもその1つである．このモリブデンは輝水鉛鉱（MoS）という硫化鉱物としてペグマタイトや熱水鉱床に含まれることが多い（**図 9.1**）．ペグマタイトとはおもに花崗岩が形成される最終段階においてマグマの残液から晶出する大型結晶の集合体のことだ．モリブデン鉱は他の硫化鉱物と同様に酸化的な環境で分解し，モリブデンはモリブデン酸（MoO_4^{2-}）となって，水中で溶存態として安定に存在する．そのため，現在の酸化的な海水中のモリブデン濃度は微量元素の中ではずば抜けて高い．一方このモリブデン酸は還元的な環境になると，海水中から除去されて堆積

図 9.1 モリブデンの硫化鉱物である輝水鉛鉱（山梨県・乙女鉱山産）
石英結晶の間に生成した幅 1 cm 程度のもので．光沢が特徴的．古橋尚氏の好意による．

図 9.2 約 25 億年前の黒色頁岩
西オーストラリア・ハマースレー地域のマウント・マックレー頁岩．有機物に富み真っ黒．黄鉄鉱の小さな団塊が散見される．表面は白いが，これは黄鉄鉱の酸化的溶解でできた硫酸による脱色と硫酸塩鉱物の沈殿によるものと考えられる．

物に濃集するという性質がある．還元的環境が発達した海洋ではしばしば有機物に富む堆積物が堆積し，それは続成作用を経て黒色頁岩とよばれる岩石になる（**図 9.2**）．地質時代に形成された黒色頁岩の多くはそのモリブデン濃度が地殻の平均値に比べるとはるかに高く，それは酸化的な海水におけるモリブデン酸の蓄積・濃集とその後に形成された還元的環境下での堆積物への除去を示している（**図 9.3**）．モリブデンに富む黒色頁岩は還元的環境下で形成されるが，その前段階としてモリブデンがモリブデン酸として海洋に供給され

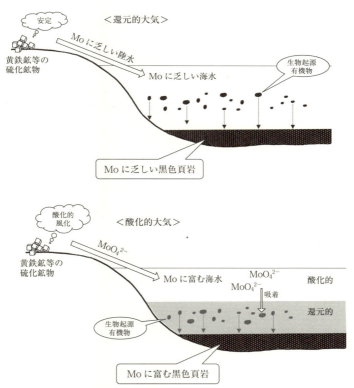

図9.3 大気の酸化還元状態とそれに伴って変化する黒色頁岩のモリブデン濃度

る必要がある.モリブデン酸はモリブデンを含む硫化鉱物の溶解により生成するから,酸化的風化を必要とする.したがって,先カンブリア時代にさかのぼって黒色頁岩のモリブデン濃度を調べれば,いつから大気中に酸素が増え始めたかがわかるはず(…なんともエレガントなアプローチであるが,もちろん筆者のアイデアではない).同様に酸化還元環境の変化に対して敏感な挙動を示す元素のことを Redox-sensitive elements(レドックスセンシティブエレメ

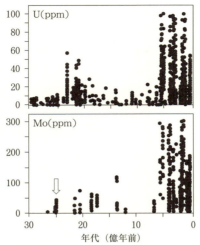

図 9.4　黒色頁岩中のウランとモリブデン濃度と地質年代の関係
ウランもモリブデンと同様,酸化的環境下で溶解する.(Lyons *et al.*(2014)Box2 Figure, p.311 より.)

ント)と呼ぶが,他にはバナジウムやクロム,ウランなどがある.

図 9.4 はカリフォルニア大学・リバーサイド校の T. ライオンズらがまとめた様々な年代の黒色頁岩のモリブデンとウランの濃度である[1].約6億年前より後の頁岩は高いモリブデン濃度(図では有機物濃度で割って規格化した値を示してある)を示す試料が多い.それより古い時代に目をやると,22億年前から17億年前頃にかけてやや高濃度を示しているように見える.22億年前を境としてモリブデン濃度がそれ以前に比べて有意に高くなることから,この辺りで大気中に酸素が増え始めたと解釈されている.もっとも 10^{-5} PAL(現在の大気濃度の10万分の1)を超える,という低レベルだが,それでも地球表層環境にとっては大変革である.この図をさらに注意深く見ていくと,25億年前にスパイク的なモリブデンの

高濃度が認められる[1]. これは還元的な大気環境の時期に一時的に現れた酸化的環境を示唆する. 大酸素事変は24.5〜22.2億年前なので, その5000万年程前にも, 一時的な酸素濃度の上昇があった証拠とされている[2].

古土壌とは？

先カンブリア時代の大気中の酸素濃度を推定する方法として昔から使われていたのが古土壌（土壌の化石）の化学組成である. 土壌はその母材となる岩石が風化し, そこに植物由来の有機物が加わることで形成される. 風化作用は, 温度変化や植物根の力で岩石にひびが入り, 徐々に細粒化する物理的風化と, 酸素や二酸化炭素を含んだ雨水と鉱物が反応する化学的風化に分けられる. 化学的風化の代表的な化学反応式は式9.1（長石の溶解反応）である. この反応は風化によって大気中の二酸化炭素が取り除かれること, 鉱物の成分であるミネラル分（ここではナトリウム, マグネシウム, カリウム等々）, 重炭酸イオン（HCO_3^-）そして珪酸（$Si(OH)_4$）が河川を通じて海洋へ供給されることを示している. さらに式8.3（黄鉄鉱の酸化的溶解＋酸化鉄沈殿）も風化反応式であり, 鉄の炭酸塩である菱鉄鉱の風化は下記（式9.2）のようになる.

$$4NaAl_2Si_2O_8 + 4CO_2 + 22H_2O$$
$$\rightarrow 4Na^+ + 4HCO_3^- + 8Si(OH)_4 + 2Al_4Si_4O_{10}(OH)_8 \quad (9.1)$$

$$2FeCO_3 + 0.5O_2 + 2H_2O \rightarrow Fe_2O_3 + 2H^+ + 2HCO_3^- \quad (9.2)$$

これらの例は現在の大気環境下で進行する風化を表したものだ. 特に式8.3と式9.2では雨水と鉱物が反応し, その結果鉱物は分解するが, その結果生じた2価鉄（Fe^{2+}）は大気中の酸素により3価

になり，水酸化鉄として沈殿し最終的に赤鉄鉱になることを示している．式 8.3 にある黄鉄鉱は多くの岩石に含まれるありきたりな鉱物だが，現在の土壌の中にみつかることはまずない．その理由は大気中に酸素があるからだ．一方酸素がない場合，菱鉄鉱や黄鉄鉱は溶解することなく，岩石が風化されても砕屑粒子（砂粒）として残存することになる．したがって，もし先カンブリア時代のある年代の土壌の化石や砂岩を調べて，そこに菱鉄鉱や黄鉄鉱が含まれていれば，その当時大気中に酸素が（これらの鉱物を酸化溶解できるほどは）含まれてなかったことになる．先カンブリア時代，特にその初期には陸上に生物はいなかったか，いてもごく限られていたと考えられるため，風化作用は大気中の酸素や二酸化炭素の濃度をより直接的に反映するだろう．またこのような研究では，鉄を含む鉱物の存在の有無だけでなく鉄の濃度にも着目する．酸素がないと土壌における鉄の移動は限られる．すなわち，鉄濃度の垂直変動は乏しいか，表層部での減少を示す．一方酸素が十分あると，最上層部では減少するが，その下に濃集層（溶解した鉄が下方に移動して酸化・再沈殿する）が形成されることが多い．先カンブリア時代の古土壌研究の先駆者の 1 人は，ハーバード大学の D.H. ホランド（故人）である[3, 4]．彼はおもに鉄に着目して古土壌の組成を検討し，20 億年より新しい古土壌は酸化的な環境で形成され，24 億年より古いものは還元的な環境で形成されたと主張した．この主張は大酸素事変のシナリオとも矛盾しない（むしろそのベースになっている？）が，それでは話は面白くない（図 9.5）．

30 億年前の古土壌は語る

　ここで 2013 年の『ネイチャー』に掲載された論文を紹介しよう．南デンマーク大学の S.A. クロウらによるもので，南アフリカに産

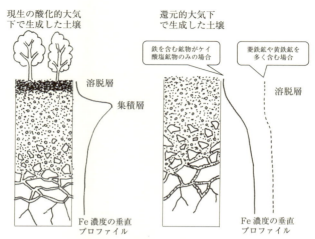

図 9.5 酸化的大気と還元的大気における土壌化学組成(鉄濃度)垂直プロファイルの違い

還元的大気下では,鉄の移動の程度が小さくなる.

する 30 億年前の古土壌の化学組成から,当時の大気には遊離酸素が存在したと主張する論文だ[5]. 少なくとも 3×10^{-4} PAL の酸素が含まれていたとしているが,大酸素事変モデルでは 20 億年以前は $< 10^{-5}$ PAL となっているので 1 桁以上高いという見積もりである. この研究は古土壌中のクロム(Cr)の濃度とその同位体組成に着目し,ウランと鉄の含有量も議論している. クロムという元素は,3 価から 6 価に酸化されると溶解性が高まる. また質量数 52 と 53 の安定同位体があり,酸化的風化の際に分別が生じる. ^{53}Cr は ^{52}Cr よりも酸化的風化——溶解しやすい性質があるので,土壌形成時に溶解した ^{53}Cr が地下水や表層水とともに流れ去れば,残された土壌中の δ^{53}Cr 値(式 9.3)は小さくなり,地下水や表層水が流れ着く先の海や湖は高い δ^{53}Cr 値を持つようになる(**図 9.6**).

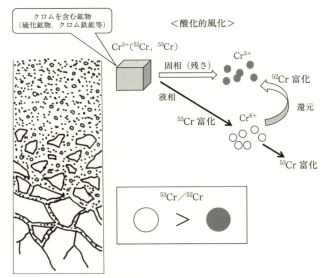

図 9.6 酸化的風化とクロム同位体の挙動
クロムを含む鉱物が風化して生成した溶解性の高い 6 価クロム (Cr^{6+}) には ^{53}Cr が濃集する.

$$\delta^{53}Cr = \frac{[(^{53}Cr/^{52}Cr)_{試料} - (^{53}Cr/^{52}Cr)_{標準物質}]}{(^{53}Cr/^{52}Cr)_{標準物質}} \times 1000(‰) \quad (9.3)$$

クロウらは強い化学的風化を示す古土壌上部の $\delta^{53}Cr$ 値は小さく,一方鉄の濃度は高くなっていることに着目し,その部位で酸化的風化が進行したと考えた.この傾向はウラン濃度の垂直プロファイルとも調和的であった.すでに述べたようにウランは還元状態では固相として安定に存在するが,クロムと同様酸化されると溶解する.ウラン濃度もわずかではあるが,化学的風化の激しいゾーンで減少している.彼らの議論が巧妙なのは,酸化的風化によりクロムやウランが移動しやすくなるので,それによってデータのばらつき(溶解したクロムが還元的な環境下で再沈殿し局所的な濃集を引き

起こす）も説明したことである（図9.7）．また彼らは古土壌の形成とほぼ同時期に海洋で堆積した縞状鉄鉱層にも眼を向けている．この縞状鉄鉱層は頁岩を含み，砕屑物に富んだ上部とほぼ純粋な化学的沈殿物よりなる下部に分けられる．上部の$\delta^{53}Cr$値はほとんどが火成岩（砕屑物の供給源と考えればよい）のもつ狭い範囲に収まる一方，下部の値はその多くが火成岩岩値より外れ，有意に重い同位体比をもつ．さらにウランの濃集も伴っている．このように陸域での酸化的風化によってクロムやウランが溶脱，移動，再集積する一方で，溶解状態を保ったまま地表水とともに海洋まで到達する．そして海洋には重いクロムが濃集し，水酸化鉄が沈殿する際に吸着され縞状鉄鉱層に取り込まれたのだ．このようなクロムやウランの溶解が可能になる酸素濃度を見積ると先に述べたような値になるが，クロウらは話をさらに押し進め，そのような大気中の酸素濃度は水蒸気の光分解では達成できないとし，30億年前にシアノバクテリアがすでに出現した可能性にまで言及している．

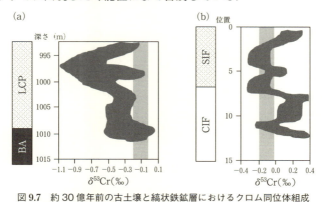

図9.7 約30億年前の古土壌と縞状鉄鉱層におけるクロム同位体組成
(a) 基盤岩（BA）とその上に生成した古土壌（LCP）．(b) 縞状鉄鉱層（CIF：化学的沈殿物主体の相，SIF：ケイ酸塩成分に富む相）．縦の帯は火成岩におけるクロム同位体組成．(Crowe et al. (2013) Fig2b, Fig3b, p.537 をもとに作成.)

酸素オアシスは存在したか？

　地球の大気中に酸素が急増し始めたのが 22〜23 億年前としても，それ以前にも局所的に酸素を含む場所「酸素オアシス」が存在したのではないかという考えは古くからある．特にシアノバクテリアがほぼ確実に存在したと考えられる 27 億年前以降は，その可能性は高いだろう．外洋から切り離された小さな内湾や湖のような閉鎖的な場所にシアノバクテリアが繁殖していれば，酸素オアシスになりえたはずである．そのような場所では，還元性物質が補給されさえしなければ，シアノバクテリアが生産した酸素はどんどん水中に増えて行くはずだ．一方，大酸素事変以前に閉鎖性水域のみならず沿岸域の水塊でも溶存酸素濃度が上昇していたと主張する論文も最近チラホラでてきているようなので，そのうちの 1 本，カナダのスティープ・ロック湖畔に分布する約 28 億年前の炭酸塩岩と縞状鉄鉱層に着目した研究論文を最後に紹介する[6]．

　スティープ・ロックの石灰岩は数 m もの高さに達する巨大なストロマトライトが産出することでも有名である．この地域の地層は大陸の縁辺の陸棚で徐々に海面が上昇するのに伴って形成されたと考えられている．低海水準時には陸棚の浅場に砂岩が，沖合へ向かう斜面からその先のさらに深場では縞状鉄鉱層が堆積していたが，海面が上昇するにつれて，陸棚には石灰岩が沈殿堆積するようになった．そしてさらに海面が上昇し，石灰岩をマンガンと鉄の酸化物からなる沈殿物が覆うようになる（**図 9.8**）．つまり，石灰岩は浅い海，酸化物堆積物は深い海に対応するのである．ここでこの論文の著者らは希土類元素という，原子番号 57 のランタン (La) から 71 のルテチウム (Lu) にスカンジウム (Sc) とイットリウム (Y) を加えた 17 の元素群に注目した．希土類元素は石灰岩やチャートなど

⑨ 太古代表層環境に関する新知見——酸素を巡って　125

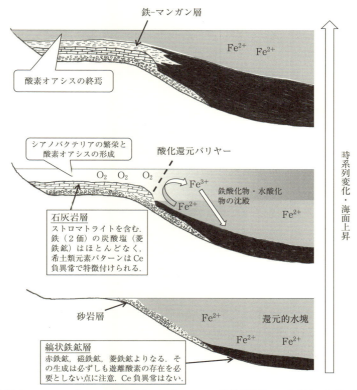

図9.8　スティープ・ロック層群（カナダ）における縞状鉄鉱層，石灰岩層の生成と酸素オアシスの関係

（Riding *et al*. (2014) をもとに作成.）

の化学的に沈殿してできた堆積岩が，どのような環境（酸化的 or 還元的）で，どのような起源の水（海水，陸水，熱水など）から沈殿したのかを推測するのによく用いられる．スティープ・ロック石灰岩の希土類元素の特徴（本章コラム参照）は現生の海水や海水から沈殿した堆積物と似ているので，28億年前の海水における希土

類元素の挙動も現在と同じであったと考えてよい．

そこで注目されるのは，酸化的環境が原因のセリウム（Ce）の欠乏が見られることだ．筆者である米・テネシー大学のR. ライディングらは，この希土類元素の特徴に加え，方解石（$CaCO_3$）を主成分とする石灰岩が堆積したというその事実そのものに着目している．方解石は原生代以降ありふれた炭酸塩鉱物である．しかし太古代の初期から中期にかけての炭酸塩鉱物は方解石ではなく，2価鉄の炭酸塩鉱物である菱鉄鉱（$FeCO_3$）であることが多い．これは当時の海洋に2価鉄が多く含まれていたからである．そしてこの2価鉄は方解石の晶出を阻害することが知られている．すなわち，太古代後期に炭酸カルシウムが方解石として沈殿し，石灰岩が生成するためには，その水塊から2価鉄が十分に取り除かれることが必要となる（**図 9.9**）．スティープ・ロックの場合，以下のようなシナリオが提案されている．石灰岩が堆積する陸棚では陸から供給される豊富な栄養塩によってシアノバクテリアが繁栄し，酸素をどんどん供給する．その結果2価鉄は3価に酸化され沈殿除去される．この酸素に富んだ水塊は陸棚付近に限られ，外洋の還元的な水塊と

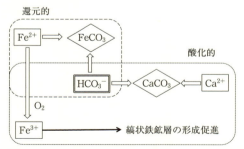

図 9.9 酸化的水塊と還元的水塊における鉄の挙動とそれに影響を受ける石灰岩の形成　還元的環境で2価鉄が多いと，重炭酸イオン（HCO_3^-）が豊富にあっても方解石（$CaCO_3$）ではなく菱鉄鉱（$FeCO_3$）が沈殿する．

の間に酸化還元境界が形成される．この境界があることにより，還元的な水塊に含まれる2価鉄がその境界を越えても直ちに酸化・除去されるため，陸棚上の水塊は2価鉄に乏しく，酸化的な状態が保持される．一方外洋の表層水中では鉄酸化バクテリア（非酸素発生型光合成細菌）などによって鉄水酸化物が形成され，この鉄水酸化物は海洋底に沈殿し，続成作用によって赤鉄鉱，磁鉄鉱，菱鉄鉱などに変化して縞状鉄鉱層を形成する（図9.8）．ライディングらはこのような古環境と堆積プロセスに関するモデルを提案するとともに，菱鉄鉱やアラゴナイト（方解石と同じ化学組成であるが結晶形が異なる鉱物）でなく方解石が沈殿するためには2価鉄の濃度が$< 10\ \mu M(mol/L)$であるという制約条件から，溶存酸素濃度は少なくとも$10.25\ \mu M$あったという結論を導きだしている．これは大気中の酸素濃度に換算すると，8×10^{-2} PALに相当するので，太古代においてはかなり酸化的だ．この見積もりは前節で紹介したクロムの同位体などを用いたほぼ同年代の地層に基づくものよりも20倍以上高くなっている．もっとも，ここの縞状鉄鉱層やマンガン酸化物層が，実際は硫化鉱床や炭酸塩堆積物の風化によって形成された二次的なものであるという説もあり，上述のモデルも含めてもう少し慎重な検討は必要だろう．

　さて，堅苦しい話はこれくらいにして，次章から筆者が研究している太古代の微化石群について，その発見の経緯や学術論文として発表するまでの道のりも含めてお話ししたい．その微化石群が先カンブリア時代の生命や環境に関する通説を大きく揺るがしうるのか否かについての最終判断は読者の判断に任せるとして．

Box 9　希土類元素と太古代地球環境

　希土類元素はイオンの価数がセリウム（Ce，3価と4価）とユーロピウム（Eu，2価と3価）を除いて3価のみで，同じ化学的性質を有する一方，原子番号が大きくなるにしたがって，イオン半径が小さくなるという特徴がある．この後者の特徴は，火成岩生成過程の解明にしばしば用いられる．一方，化学的沈殿岩の場合，本章で述べたように堆積環境や起源の推定に威力を発揮する．希土類元素の存在度はかなり大きくばらつくので，頁岩の平均組成（上部地殻の平均組成に対応する）やコンドライト質隕石（地球全体の組成に対応する）で割った数値で評価するのが基本であり，これを「規格化」いう．現生海水の希土類元素の頁岩規格化パターンは，次の3つである．

1) 重希土類元素に富んでいる．
2) イットリウムがホルミウム (Ho) に対して濃集している．
3) セリウムが両隣に位置するランタンとネオジムに対して顕著に欠乏している（負のセリウム異常という）．

　セリウムの負異常が現れるのは，他の希土類元素にはない性質，酸化的条件下で3価から4価に酸化するという性質に関係する．4価になったセリウムはマンガンや鉄の酸化物・水酸化物に吸着されやすく，選択的に海水から除去される．結果として現在の遠洋域に産出する鉄・マンガン沈殿物は顕著な「正のセリウム異常」で特徴づけられることになる．したがって，スティープ・ロックの石灰岩に「負のセリウム異常」が見られることは，28億年前の海洋においてセリウムが3価から4価に酸化され，どこかに除去されたと解釈できる．少なくともセリウムの酸化が可能になる程度の溶存酸素が含まれていたことになる．一方，海嶺から噴き出す熱水にはユーロピウムが濃集しているが，それは高温の岩体と海水が反応するとき，岩体に含まれる斜長石が分解され，その中に含まれる2価のユーロピウムが溶出してくる

ことによる．もっとも熱水が拡散し，酸化的な海水と混じり合うと3価となり，沈殿してしまう．太古代の海洋は還元的であったと考えられているが，その1つの理由は化学的沈殿岩に強弱はあるものの，等しく正のユーロピウム異常が存在することである（**図 9.10**）．

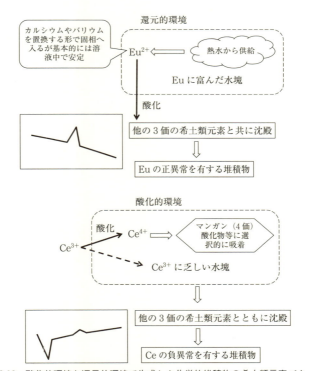

図 9.10 酸化的環境と還元的環境で生成した化学的堆積物の希土類元素パターンの相違点とその原因

引用文献

1) Lyons, T.W. *et al.* (2014) The rise of oxygen in Earth's early ocean and atmosphere. *Nature*, **506**, 307-315.
2) Anbar, A.D. *et al.* (2007) A whiff of oxygen before the Great Oxidation Event? *Science*, **317**, 903-906.
3) Holland, H.D. (1984) *The chemical evolution of the atmosphere and oceans*, Princeton University Press, Princeton, N.J.
4) Rye, R., Holland, H.D. (1998) Paleosols and the evolution of atmospheric oxygen: a critical review. *Am. J. Sci.*, **298**, 621-672.
5) Crowe, S.A. *et al.* (2013) Atmospheric oxygenation three billion years ago. *Nature*, **501**, 535-538.
6) Riding, R. *et al.* (2014) Identification of an Archean marine oxygen oasis. *Precambrian Res.*, **251**, 232-237.

⑩ 謎の太古代大型微化石——その1

ホームグラウンド,ゴールズワージー緑色岩帯

　私がはじめて西オーストラリアのピルバラ地塊を訪れたのは1989年で,当時はまだ大学院生だった.それ以来十回以上当地を訪れたが,今でも忘れられないのは,大学時代の友人に同行を頼んだ2001年の調査である.というのも,このときたまたま採取した黒色チャートに,本著のメインテーマの微化石が見つかったからだ.その場所はゴールズワージー緑色岩帯,マウント・ゴールズワージーとマウント・グラントからなる小さな緑色岩帯だ.緑色岩帯とは,太古代を特徴づける地層で,変質し緑色になった玄武岩を主体としチャートや頁岩,砂岩が付随的に含まれている.東ピルバラ地塊の東部では卵形の巨大な花こう岩帯に挟まれる形で11の緑色岩帯が分布しているが,そのうち多くは内陸部にある.ゴールズワージー緑色岩帯は,ピルバラ地塊の玄関口の港町ポート・ヘッドランドから東に100 kmほどのところにあり,太古代研究のメッカであ

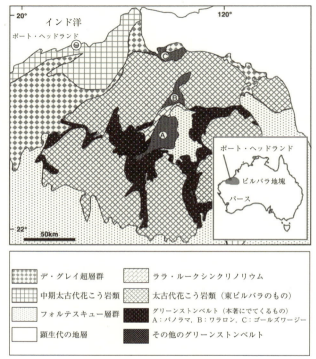

図10.1 ピルバラ地塊東部の地質概略図
(Hickman (2008)[1]をもとに作成.)

るパノラマ，イーストスティルリー，そしてマーブルバー緑色岩帯から100km以上離れている．私以前に詳しい研究が行われた記録はないようだ（図10.1, 10.2）．

1989年のピルバラ地塊初調査（このときはゴールズワージー緑色岩帯は調べていない）で採取した試料の研究で晴れて学位を取得し，運よく名古屋大学教養部の地学教室（当時）に職を得た私は，数年のブランクを経て，1993年にピルバラでの調査を再開し

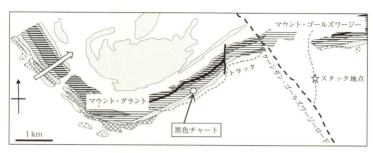

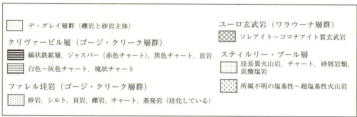

図10.2 ゴールズワージー緑色岩帯の地域地質図
左の白矢印は地層の上位方向を示す．(Smithies et al. (2004)[2]をもとに作成.)

た．そして1995年から本格的にゴールズワージー緑色岩帯での調査を始めて6年あまり，それなりに地質のデータや化学分析データも揃ってきた．この一帯は地層が90度近く立っているので，地層の上下がわかればテクテク歩き回るだけで30億年以前の海底の断面を観察でき，それが水平方向にどのように変化するのかも知ることができる．地層を下位から上位に向けて観察することは時間の経過に伴ってその地層ができた海や湖の環境がどのように変化したかを解読することである．地層が砂や泥でできている陸源性堆積岩の場合なら，その砂や泥の供給源の岩石の性質や陸地からの距離などを推定できるし，水に溶解していたシリカ（二酸化ケイ素：SiO_2）や鉄が沈殿してできたチャートや縞状鉄鉱層のような化学的堆積岩の場合，その水（海水や湖水）の起源や堆積したときのpHや酸素

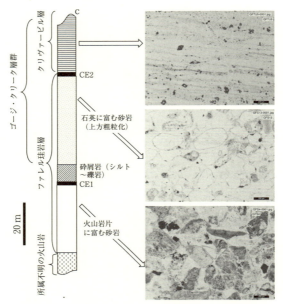

図 10.3　マウント・グラントにおける代表地点の柱状図
CE1 と CE2 は黒色チャートと蒸発岩層がカップルで産出する層準を示し，微化石は CE2 から見つかった．(Sugitani *et al*. (2007)[3] をもとに作成．)

濃度を知る手掛かりが得られる．

　6 年間——といってもそれぞれの調査期間が 1〜2 週間と短いので，単に歩みが遅いだけだ——の調査でわかった主要な点を，特にマウント・ゴールズワージーについてまとめてみる（**図 10.3**）[4, 5]．

1) 地層はおもに粗くて淘汰の悪い砂岩（ファレル珪岩層）とチャート，縞状鉄鉱層からできており，これらは浸食を受けた玄武岩の基盤の上に堆積した．
2) 最初に砂岩が，そしてその上位にチャートや縞状鉄鉱層（ク

⑩ 謎の太古代大型微化石——その1　　135

図10.4　ゴールズワージー緑色岩帯によく見られる蒸発岩の層
長柱状の結晶が溶解／珪化している．もともとの組成は $NaHCO_3$（ナーコライト）と考えられる．→ 口絵7参照．

リヴァービル層）が堆積した．
3) 砂岩層の中に蒸発岩（岩塩のように海水などが蒸発して溶解していた成分が過飽和になって析出してできたもの）が含まれる（**図10.4**）．
4) チャート・縞状鉄鉱層にも砂岩が挟まれるが，その頻度は上位に向かうほど少なくなる．

これらの情報から読み取れることは，砂岩が堆積していた期間，この場所は大きな砂の粒子が供給されうるような陸地に近い，しかも浅い場所だったということである．砂浜海岸のような場所を想像してもらいたい．海岸線から離れた陸側でも嵐によって海水が一時的に溜り，流入する河川によって小さな入り江のようなものができる場合もある．乾燥した気候下であれば，そのような場所で蒸発岩が形成されるかもしれない．また砂岩層には熱水起源と考えられるバライト（$BaSO_4$）の層が含まれているので，砂浜の所々から温

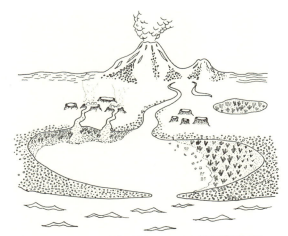

図 10.5 ファレル珪岩と黒色チャートの堆積環境推定図
黒色チャートは海とつながった入り江のような場所で堆積したと考えられる．水が干上がるような場所では，柱状の蒸発鉱物が成長した．

泉が湧いていたとも考えられる（**図 10.5**）．一方砂岩層の上位にチャート・縞状鉄鉱層がくることから，この陸域とも言えるような環境から，海面の上昇かあるいは陸地の沈降によって徐々に深くなっていったと推測できるのである（詳しくは後述する）．

　地質と岩相を丁寧に見て行くことだけでも，しばしば遠洋深海起源として扱われがちなチャート・縞状鉄鉱層が陸地にきわめて近いところでも堆積していたというようなことがわかる．すなわち太古代の海ではそこら中でチャートが沈殿していたことを示す，有力な証拠も得ることができた．話が少々ずれてしまったが，最初は初期生命とは直接的には関係ないところに興味があり，このフィールドを選んだのであった．いずれにせよ，地質の全体像がある程度わかってくると，さまざまな疑問やアイデアがわいてくる．私の場合，砂岩層のところどころに含まれる黒色チャートが気になり始めた．

黒色チャートとはその名の通り黒い色をしたチャートのことである（図10.3）．その色は含まれる微細な炭素粒子に由来する．炭素は炭水化物や脂質，タンパク質など，生命をつくる主要な高分子すべてに含まれ，生物の体を作る元素組成としては，水素，酸素に次いで3番目に多い．「約30億年前の地層であるマウント・ゴールズワージーの黒色チャートに含まれる炭素粒子も生物起源に違いない．黒色チャートに焦点を当てて，その化学組成や炭素同位体組成を縞状鉄鉱層や異なる地点の黒色チャートと比較して，太古代の生物多様性を考察できないか？」などと漠然と考え始めていた．

サンプリングはスタック（立ち往生）から始まった

　当時の調査資金は大学からの運営費交付金と他大学で週2コマ行っていた非常勤講師の賃金という，ささやかなものであった．2001年の調査は，共同研究者である同僚の都合が悪く，大学時代の友人TA氏にサポートを頼むことにした．というのも，調査地は町から100 km離れた場所にあり，おそらく50 km四方に人は住んでいない（先住民アボリジニの村はあるかもしれないが）へんぴな場所なので，1人で行くのは危険だからだ．旅費はこっちもちであることを言い添えて頼むと，即座に「よっしゃ，有給取るわ！」と言ってくれた．もちろん長期は無理なので，全部で1週間強の予定を組んだ．資金を節約するためパースからポート・ヘッドランドへの乗り継ぎは空港で夜明かしとし，ポート・ヘッドランドに着いたらレンタカーで街に直行し，必要なものをスーパーで買ってホテルに預けるとそのままゴールズワージー緑色岩帯へ向かった．そのときのレンタカーはなぜか2輪駆動仕様であった．

　ポート・ヘッドランドを出発したのが午後2時頃だったと思う．マウント・ゴールズワージーに到着したのが午後3時頃．いつもの

ように未舗装だが整備された"大通り"であるクーンガン・ゴールズワージーロードから鋭角に左折して調査ポイントへ続く小道に入る（図10.2）．乾期に入って2〜3ヵ月経っているので，路面はしっかりしているようだ，と思ったのもつかの間，ぬかるみにタイヤをとられ，あっという間にスタック（立ち往生）してしまったのだ．遠くで牛がのんびりと草を食み，何事かとこちらを眺めている．結局ぬけ出すのに1時間以上かかっているうち暗くなり始め，調査も何もせずホテルに帰るというお粗末な初日であった．ともかくこの経験から翌日からの調査は，車でアクセスするのは"大通り"までで，それから先は歩くことにした．その翌日はマウント・ゴールズワージーで30 kg近い岩石試料を採取し，それを背負って凸凹道を5 kmほど歩いて帰ってきたため疲労困憊．にもかかわらず夜になるとなぜか元気が出てきて，街のタイ料理の店に繰り出した．
「あんた達，船乗りでしょ」
となぜか悪い気のしない勘違いをしてくれた店のお姉さんに見栄を張って，
「この店で一番辛いカレーくれ」
とチャレンジするも3口であえなく撃沈したのもよい思い出である．

　次の日はマウント・ゴールズワージーの西延長上に続くマウント・グラントで調査を行った．この山の調査は今回が初めてだが，地質図からマウント・ゴールズワージーと同様の地層が分布することは容易に想像がついた．このマウント・グラントは最も高いところでも海抜100 m程度だが，平原ににょきっと出っ張っているので，それなりに立派に見える（**図10.6**）．大通りから7 kmほど西の頂上に電波塔があり，そのメンテナンスのための車1台がようやく通れるほどの小道が山の南側に続いている．この道を使えば調査

⑩ 謎の太古代大型微化石——その1　139

図10.6　マウント・グラント全景
微化石を含むチャートはちょうどこの頂上にある．標高は約100 m．白い矢印は電波塔．黒い矢印が通称"屏風岩"．→口絵8参照．

は楽なのだが，初日の過ちは繰り返したくない（図10.2）．

　マウント・グラントを"大通り"が横切る通称"Ridge Crest"（リッジ・クレスト）に車を置いて，尾根伝いに黒色チャートをサンプリングしながら西へ向かい，帰りは南側の小道を帰ってくることにした．思ったよりも黒色チャートは多く見つかり，サンプリングは順調だったが，そのためリュックの重量がどんどん増えていった．朝から歩き始め，昼頃には車をとめた場所から3 kmほど離れた屏風のような岩盤がそそり立つ地点に到着した（図10.6）．この"屏風岩"の上で昼食をとったが，日差しは強いが風が気持ちよい．平原に100 m近い山がそそり立っているので，上昇気流が発生するらしい．自分とほぼ同じ目線のところ，しかも10 mも離れていないような至近距離に，小型の鷹がホバリングし，こちらをちらちら見ている．

急遽西オーストラリアを縦断することに

　昼食を終えてサンプリングを再開するが前日の疲労が残ってお

り，20 kg にも満たないリュックが異様に重く感じられた．屛風岩から数 m 登ると広々とした平坦な尾根に出ると，そこには真っ白な（ということは石英粒子が多いのだろう）砂岩が広がっていた．この砂岩層を（地層の）上位に向けて歩いていくとマウント・ゴールズワージーに見られたような蒸発岩層が 2 層現れる．この蒸発岩層には長さが 30 cm 以上に達する柱状の結晶が含まれている．しかし完全に石英に置き換わってしまっており，もとの組成は残されていない「鉱物の化石」である．この蒸発岩層の上に目をやると黒色チャートが現れる．部分的に緑っぽいところや，二次的に形成されたと思われる瑪瑙（めのう）のような模様のチャートが含まれるが，最も上位の約 30 cm は漆黒で美しい（**図 10.7**）．もちろん採取を考えたが，リュックがこれ以上重くなることに気が重くなった私は友人に

「これもなかなかええチャートやけど，どうしょう？」

と尋ねた．専門家でもない友人にとってはどうでもいいことであるし，尋ねられても答えようがない．そのとき彼は

「せっかくここまで来たんやから，採ってけばええやん」

という．その言葉に背中を押されて，握りこぶしほどの試料を 2 つ採取した．1 つはちょっと灰色っぽいチャートで，もう 1 つは黒色チャート，それぞれ ORW4A，ORW4B と試料名を付けた．そしてマウント・グラントを後にし，風のまったくないひどく暑い小道を 2 時間近くトボトボ歩いて車まで戻ったのだった．このとき最後に採取した試料 ORW4B の中に微化石が見つかることになる．

　予定していた調査も無事終わり，後は採取した試料を郵便局から日本に向けて送付するだけである．ところが予想もしなかった事態に巻き込まれた．郵便局の前で試料を段ボール箱に詰め直していると，税関の職員がやってきて

⑩ 謎の太古代大型微化石——その1　141

図 10.7　マウント・グラント尾根筋の黒色チャート
この 30 cm に満たない厚さのチャートから多様な微化石が産出する．このチャート層は尾根筋に沿って 7 km 近く連続する．→ 口絵 9 参照．

「何をやっているんだ？」
と聞いてくるので，
「岩石を日本へ送るためにパッキングしています」
と答えた．すると
「そこには化石は入っているのか？」
と聞いてくるので，冗談で
「入っているかもね〜」
と答えたとたん職員の顔に緊張が走った．詳しいやり取りは忘れたが
「化石があるとしても顕微鏡でしか見ることのできない微化石だし，入っている可能性はほとんどない」
とかなんとか言ってその場を取り繕ったように記憶している．なんとかその場は収まったので，郵便局で手続きを行い，局のおばさんに
「税関の人にこんなこと言われたけど大丈夫だろうか？」
と尋ねると，

「新しく法律ができて石を送るのが面倒になったのよ……」
とのこと．さらに
「没収が心配だったら税関のオフィスに行って聞いてみたら？」
とすぐ近くにある税関の場所を教えてくれた．苦労して採取した試料が日本に届かなかったらあまりにも悲しい．税関では所長らしき人が対応してくれ，化石（特にストロマトライト）の輸出が厳しく規制されるようになったので，国外へ持ち出される石は必要に応じてチェックされ，化石を含まないことを証明する文書がない場合，没収される可能性があると説明してくれた．もし心配ならば，誰かオーストラリアの研究者に自分がどこでどのような石を採ったのか説明し，証明書を書いてもらいなさい，という．とはいっても当時はまだオーストラリアの研究者に誰一人として知人はいない．困っていると，所長は西オーストラリア博物館の人に証明書を出してもらうことを薦めてくれた．問題は帰路の日程であった．パースへ帰る飛行機に予約通りに乗ると，週末にかかるためその人に会えないことがわかり，急遽キャンセルして車でハイウェイを一路南下してパースへ帰ることにした．全行程約 1600 km である．2 泊 3 日でたどり着けばぎりぎり間に合う．早速宿を引き払ってポート・ヘッドランドを出発し，ひたすら南へと向かった．まずはニューマンで 1 泊．さすがオーストラリアを代表する鉄鉱石の産地だけあって，世界チェーンのモーテルに難なく部屋を取ることができた．翌日は灌木とスピニフェックス（細い針のような葉をもったピルバラを代表する草）の荒野をひたすら走り続けた．そんな単調な旅の途上，用を足しに車を止めて草っぱらに向かって歩いていたときのことである．十数 m 向こうに見たこともない動物の後ろ姿が目に入った．高さは人間の腰から胸ほどあり，全体が剛毛で覆われ，太く短い足でゆったりと歩いている．「ええっ？」と思う間に遠ざかり，灌

木の中に姿を消していった．その後ろ姿は熊のようでもあったが，オーストラリアに熊はいない．高さ的にはダチョウに似たエミューの胴体部と同じくらいだが，足の太さがまったく違っていたし，牛や移入されて野生化したラクダと見間違うはずがない．形はウオンバットという有袋類に近いが，大きさが違う．ウオンバットはせいぜい中型犬のサイズだ．この生き物がいったいなんだったのかもはや確かめるすべはない．それはともかく，その日は西部劇に出てきそうな街に宿泊することになった．飛び込みで入ったモーテルの親父は「よそ者はお断りなんだが……」とばかりの応対と，宿泊料先払いの要求で歓迎してくれたが，野宿するよりマシである．翌朝は時間になってもレストランが開かないので，朝食抜きでパースへ向かい，なんとか博物館の人に会うことができたのであった．これまでの事情と採取した試料にストロマトライトはないことをへんてこな英語で説明し，証明書を書いてもらうことができた．それを税関に向けて投函し，後は無事に税関の検査（今から思えばちゃんとやっていたのかどうかは，若干疑問）を通ることを祈るのみであった．

引用文献

1) Hickman, A.H. (2008) Regional review of the 3426-3350 Ma Strelley Pool Formation, Pilbara Craton, Western Australia. Geological Survey of Western Australia Record, 2008/15.

2) Smithies *et al.* (2004) De Grey, WA Sheet 2757 (Version 2.0): Western Australia Geological Survey, 1:100000 Geological Series.

3) Sugitani *et al.* (2007) Diverse microstructures from Archaean chert from the Mount Goldsworthy-Mount Grant area, Pilbara Craton, Western Australia: Microfossils, dubiofossils, or pseudofossils? *Precambrian Res.*, **158**, 228-262.

4) Sugitani, K. *et al.* (2003) Stratigraphy and sedimentary petrology of an Archean volcanic-sedimentary succession at Mt. Goldsworthy in the Pilbara Block, Western Australia: implications of evaporite (nahcolite) and barite deposition. *Precambrian Res.*, **120**, 55–79.

5) Sugitani, K. *et al.* (2006) Geochemistry and sedimentary petrology of Archean clastic sedimentary rocks at Mt. Goldsworthy, Pilbara Craton, Western Australia: Evidence for the early evolution of continental crust and hydrothermal alteration. *Precambrian Res.*, **147**, 124–147.

⑪ 謎の太古代大型微化石——その2

奇妙な物体が見つかった

　紆余曲折はあったものの，採取した試料は無事日本に到着した．これらの試料は化学組成分析や同位体組成分析に用いる予定だったが，その前に薄片を顕微鏡で観察しなければならない．微化石が入っていることは期待していなかった．化学的なデータをちゃんと理解するためには，分析した岩石の堆積学的・鉱物学的特徴を調べることが不可欠だからだ．太古代のチャートや縞状鉄鉱層は「化学的堆積岩」に分類できるが，それは海や湖からpHや温度の変化，あるいは蒸発などによって過飽和になった物質が沈殿してできたものだ．ということは，太古の海や湖の情報を保持していると考えてよい．ただ，「純粋に化学的に沈殿した堆積岩」を探すことは簡単ではない．空から降ってきた塵や，流れ込んできた砂や粘土の粒子が紛れ込み，それらの影響が化学的に沈殿した成分の特徴をゆがめてしまうことがあるからだ．したがって薄片を顕微鏡で詳しく観察し

146

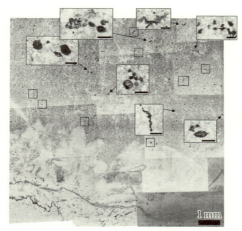

図 11.1　マウント・グラントで採取した黒色チャートの顕微鏡写真
黒い微小な粒子は炭質物．拡大図（微化石を示す）のスケールは 50 μm．1 つの薄片（約 3×4 cm，厚さ 30 μm）に数十個の微化石が含まれていることもある．

て，砂や粘土が含まれていないこと，さらには交代作用の有無などを確認することは非常に重要だ．

　技術職員の長岡勉氏（名古屋大学・情報文化学部）が作ってくれた十数枚の薄片のうち，試料 ORW4B を顕微鏡で見ると，炭素粒子が散在する典型的な炭素質黒色チャートであった（**図 11.1**）．ただこれまで見てきたものと異なるのは，色々な形態の塊が散在していたことである．「いつもとは若干違うな〜」と思いながら観察を続けると，微細な炭質物がフィルムを形成しているような構造物が見つかり（**図 11.2**），さらに紡錘状の構造物も見つかった（**図 11.3**）．しかもそのサイズは数十 μm もある——でかい！　炭素粒子が不規則に凝集したものでも，何かの鉱物の周りに付着したものでないことは明らだった．「アホな……」と笑いがこみ上げてきたがすぐに心臓がドキドキし，首筋がカーッと熱くなってきた．これは化石じ

⑪ 謎の太古代大型微化石——その2　　147

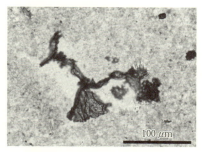

図 11.2　フィルム状の炭質物構造

フィルム状ではあるが，中央部で三叉になっている．何かの表面からはがれてちぎれたバイオフィルムの可能性を論文（Sugitani *et al.*（2007）[1]）では指摘したが，よく見るとちぎれた明瞭な形跡が見当たらない．不思議な物体．

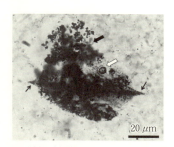

図 11.3　紡錘（実際はレンズ）状の炭質物構造

両端にキリ状の突起（細矢印）をもつ，やや片方が太った紡錘体にみえる．しかしこのように紡錘体に見えるもののほとんどすべてが実際はレンズ状であった．この微化石は内部に小球体（白太矢印）をもち，かつ微細な粒状物が飛び出しているようにも見える（黒太矢印）．

ゃないのか！　このチャートの年代は太古代のはずだ．詳しい年代はわからないにしても30億年前より古い．そんな古い時代から報告されている化石はもっと小さく，あるいは細く，原核生物的ではなかったか？　目の前にある紡錘状の微化石様構造はサイズ的には真核細胞である．だとすると，こいつらはいったい何なのか．

直ちに同様の微細構造の探索を本格的に行うことにした．まずはORW4Bからさらに数枚の薄片を作成してもらい，この石に問題の構造物が入っていることを再確認し，より状態のよい標本を探すことにした．同時に，この試料採取地点から数 km 東の地点，マウント・ゴールズワージーからも黒色チャートを採取していたので，それらについても薄片を作成してもらうことにした．同じような地層から同じような構造が見つかれば，より説得力は増すからである．はたしてORW4Bから切り出した追加薄片にはことごとく同じような形態の，さらには小型の球状のものが多数集まってコロニーのようになっているものや（**図 11.4**），表面に「えくぼ」があるような大型の球状のもの（**図 11.5**）が見つかった．そしてマウント・ゴールズワージーの試料にも，保存状態は悪いものの，同様な構造が見られたのだ．これはもしかすると大変なものを見つけたのかも知れ

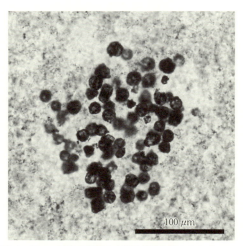

図 11.4　15 μm 前後の直径の小型球状微化石からなるコロニー
→ 口絵 10 参照．

⑪ 謎の太古代大型微化石——その2　149

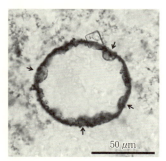

図 11.5　若干楕円の大型球状微化石
大型の球状微化石は小型のものに比べはるかに数が少なく，コロニーを形成することもない．この標本の特徴は表面に"えくぼ"（矢印）があることである．

ない．私はその後ピルバラの調査につき合ってくれることになった名古屋大学の三村耕一氏を呼び出し，薄片を見せた．彼は隕石中の有機物や化学進化が専門の有機地球化学者であるが，直観的にそこに含まれる微細構造を化石だと理解したらしい．
「こいつら太古代でしょ，これはすごいですよ！」
と彼は言う．私もそう思った．
「よーし，これなら『ネイチャー』や『サイエンス』に投稿できるし，すぐさま受理されるに違いない」
と甘い夢は膨らむばっかりであった．ただその夢は（今から考えれば当然だったが）あっさり裏切られ，科学的良心と保身で完全武装した地味な最初の論文が出るまで丸6年かかったのである．そもそも先に述べたショップとブレイジャーが繰り広げたエイペクス・チャート論争が勃発したのが2002年である．太古代微化石発見のタイミングとしては最悪であった．

グレイ博士との出会い

「太古代の微化石を見つけた」ということと,それが他の研究者に受け入れられるかどうかは別の話である.先カンブリア時代の古生物学の分野でまったく無名な私（他分野でも大して変わらなかったが）が,当時のような逆風吹き荒れる中で論文を投稿しても,直ちに却下されることは目に見えていた.手元にある試料は限られており,さらに分析を進めるには追加試料がどうしても必要だ.ところが,某国の研究者によるストロマトライトの採取をきっかけで行われたという法律の改正で,オーストラリアから試料を採取して日本に送ることはもはや簡単にはできなくなっていた.悩んだあげくオーストラリアの古生物学者に共同研究を提案することにした.そこで,私のピルバラ研究のスタートアップをお膳立てして頂いた名古屋大学の足立守先生（名誉教授）を頼ることにした.共同研究者として適当なオーストラリアの研究者を紹介してもらおうと思ったのだ.足立先生は早速オーストラリアの知人研究者に問い合わせてくれたが,何ヵ月経っても返事が来ない（あとでわかったことだが,その方は病気で入院されていたらしい）.困り果てた私は独自に調べ,西オーストラリア地質調査所（当時）の K. グレイ（キャス）にあたってみることにした.彼女は原生代の「アクリターク」の専門家であった.私が見つけた微化石はむしろ原生代の微化石との類似性が高そうであったので,適任だと考えたのだ.なお「アクリターク」とは,化石の含まれる母岩をフッ化水素酸—塩酸を用いて分解することで抽出できる,有機物の膜を持った中空の微化石のうち,所属不明のものを総称する用語である[2].アクリタークは原生代中期以降多産し,その中にはシアノバクテリアの外皮や真核藻類の休眠胞子も含まれると考えられている.

⑪ 謎の太古代大型微化石——その2

　キャスに写真を添えて手紙を出したが，意外にも早く返事が来て，面白そうだから一度見てみたいといってくれた．早速出張のスケジュールを立て，パースへ向かった．西オーストラリア地質調査所の玄関を入って守衛にアポイントを告げると，私よりひとまわり年上の恰幅のよい女性が現れた．彼女のオフィスで私の見つけた微化石様構造物について写真を用いて一通り説明し，持参した薄片を顕微鏡で見てもらうことにした．ひとしきり観察して意見交換した後，彼女に
「どう思いますか，これは化石ですか？」
と尋ねると，
「うーん，フィフティー・フィフティーね」
と言うので，
「どっちかはっきりしてくださいよ」
とさらに聞くと，
「ノー」
と残念な答え．私がよほど納得できないという表情をしていたのだろう．
「もしアンタさえよければ，明日もう一度観てみてもよいけど……」
と言ってくれたのだ．皮一枚で首がつながったような気分の私は，ホテルに戻ってから明け方まで今日キャスが気にしていたと思われるポイントについて私なりに整理し，それらに対する自分自身の解釈をまとめ，簡単なレポートを作成した．翌朝そのレポートを見せると「一応英語が通じてたのね〜」という嬉しいやら情けないやらのリアクションの後，
「じゃあ，もう一度観てみましょう」
と，再度薄片を顕微鏡で観察し始めた．すると，これまでとは違っ

た何かを見つけたらしく，
「え，これはまるで藻類じゃない……」
とかつぶやきながら，どんどん夢中になっていくのが手に取るように伝わってくる．ひとしきり私を放置したまま楽しんだ後彼女は，
「これは面白いかもしれない」
と言い，当時西オーストラリア地質調査所でピルバラ地塊の地質図の改訂作業の中心メンバーの１人として活躍していたM.J. ヴァンクラネンドンク（マーティン，第１章に登場）を紹介してくれた．マーティンはカナダ地質調査所を経てオーストラリアで博士号を取得し，そのままこの地に職を得た人物で，今や太古代地質学では世界的に有名．年齢は私と同じくらいだが，背は高くがっしりとした体つきである．さらに彼女は
「シドニーに太古代の微化石に詳しい人がいるから彼にも加わってもらいましょう」
と言って，すぐ電話をかけた．電話がつながると手短にいきさつを説明し，共同研究を勧めてくれたのだが，「ほらっ話して」と言って私に受話器をいきなり渡したのだった．相手は当時オーストラリア宇宙生物学センターのディレクターであり，先カンブリア時代のストロマトライト研究の第一人者でもある，M.R. ウォルター（マルコム）．しかし当時はそんなこと知るよしもなく，どこの誰だかもわからない外国人相手に電話越しに話をするなどまったく心の準備もできていないので，「？△×○！□」程度の会話だったはずだ．あたふたしている私をキャスが面白そうに眺めている．以外とお茶目な人だ．

　何のコネもない私が飛び込みで共同研究を申し込んだにもかかわらず，キャスはとりあえず話を聞いてくれ，今後この研究を進めるうえで私にとって力になってくれるキーパーソンまで紹介してく

⑪ 謎の太古代大型微化石——その2　153

れたのだ．彼女には感謝しても仕切れないものがある．いずれにせよ，このようにしてオーストラリアの研究者との共同研究が始まった．

「微化石」は本当に化石か？

　太古代の微化石研究において最も問題となるのが，「それが本当に太古代の化石かどうか」という点だ．太古代の微化石に関する論文はこれまで数多く出ているが，この点を厳密に検証したものは実はそう多くない．鉱物などを化石として報告してしまった，あるいは炭質物の塊で粒状〜繊維状になっているものを化石と解釈しているものも見受けられる．なぜこんなことが起こるのだろうか？生物は原核生物（単細胞）→真核生物（単細胞）→真核生物（多細胞）という順序で進化してきたと一般的には考えられている．そして太古代には原核生物しかいなかったとするのが大勢の見方である．原核生物は真核生物に比べて小さく，球状，棒状，ひも状など単純な形態のものが多いが，小さくて単純な形態の「偽化石」は非生物的な過程でも簡単にできてしまうのだ．太古代の化石を研究する人たちの多くは，新たな化石，より古い生命の痕跡を見つけることを至上の目的としている．たまたま石の中にできたなんでもない構造をついつい化石として見てしまいがちなのだ．いったん化石であると思い込んでしまったら，「化石でないかもしれない」という視点は置き去りにされがちである．たとえば図 11.6 に示した構造，これらはもともと黄鉄鉱で，それが岩石中にしみ込んできた水によって溶解し，空洞になったと考えられるものだ．あたかも小さな原核細胞のようにみえる．このように一見原核生物らしく見える非生物起源の物体は他にもたくさんあり，それらと本物の化石をちゃんと区別する必要がある．そのための判定基準を，関連の文献をまとめた私の総説論文をもとにここで解説したい[3]．ここではその基準

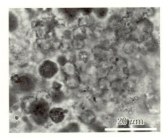

図 11.6　黄鉄鉱粒のクラスターが溶解してできる偽化石構造
2分裂状態のように見えるものもある．左下には未風化の黄鉄鉱粒が残る．おそらく，黄鉄鉱粒子の表面に有機物の薄膜が形成され，それが風化に耐えて残ったものであろう．

を大きく2つに分ける．まず

1) antiquity（アンティクイティー）：対象となる物体が本当に太古代に作られたものであること
2) biogenicity（バイオジェニシティー）：対象となる物体が生物起源であること

の2つである．

太古代「微化石」の信憑性を検証する——その1

　まずアンティクイティーについて．そもそも化石が含まれる岩石が太古代のものであることはもちろんだが，太古代の岩石の中に微化石を見つけたからといって，それが太古代の化石だとは限らない．なぜならそれはもっと新しい時代にその岩石の中に入り込んだかも知れないからだ．太古代に海や湖で堆積してできた岩石がそのまま地下にとどまるということは考えにくく，幾度となく隆起，沈降を繰り返したはずだ．隆起して地表に現れた際，雨風にうたれて

岩石の表面に小さな亀裂ができ，その亀裂に微生物が入り込むことは十分あり得る．また微生物の中には強者がいて，ある種の化学物質を放出しつつ岩石の中に入り込んでいくものもいる．亀裂や微生物が岩石に開けた穴は地下水から析出した鉱物によって埋め戻され，一見すると元の岩石の一部のように見えてしまう．こんな厄介なことが長い時間の間には起こりうるのだ．ではどのようにすれば微化石が本当に太古代生まれであることを証明できるのだろうか？

堆積岩の場合，堆積時にできた何がしかの構造（堆積構造）が残されている場合が多い．堆積岩の多くは水の中で粒子が沈殿してできるが，その際それらの粒子は堆積面に平行な縞や，流れがある場所で堆積した場合には堆積面に斜めの縞（いずれもラミネーションという）を形成する．したがって微化石様構造が他の粒子とともにラミネーションを構成していれば，それらは母岩と同時期のものと結論づけてよいだろう．微化石が含まれている部分が限られ，その部分が岩石全体の堆積構造と異なる組織を持つ場合，アンティクイティーを疑うべきだ．また微化石が有機物でできており，母岩のマトリクスにも有機物粒子が含まれている場合，両者の熟成度（変成の度合い）が同じであれば，微化石も母岩と同じ太古代のものと言えるだろう．

太古代「微化石」の信憑性を検証する──その2

次はバイオジェニシティーである．バイオジェニシティーは複数の項目に分けて検討される．

1) 母岩の起源：微化石様構造が含まれる岩石が生物の棲息できる環境下でできたこと
2) 化学組成：微化石様構造の組成が生物起源の物質（有機物）

あるいは生物活動によって生成されるような鉱物でできていること
3) 産出数とサイズ:同様の形態をした微化石様構造がたくさんあり，かつそのサイズがある程度の幅におさまること
4) 化石生成過程:生物が化石化する過程で起こる，部分的な破損や変形が認められること
5) 複雑さと精巧さ:生物らしい複雑さや精巧さを有していること

そして最後は高いハードルだが，
6) 形態のバリエーション:生物に特有な増殖や変態などの生活環に対応する形態のバリエーションが見られること

である．それぞれの基準について以下で詳しく説明しよう．

1) 母岩の起源

　生物はさまざまな環境に適応して生きている．中には摂氏100度を越える煮えたぎる温泉の中や，pH＝1という強酸性の水の中に好んで住む細菌さえ知られている．しかし1000度を越える溶岩の中に生息している生物はいない．マントルに由来する岩石や溶岩が固まってできた火山岩の場合，その中に微化石が見つかることは，穿孔性の微生物以外では考えにくいし，高温高圧を経た堆積岩起源の変成岩の中に微化石が残されている可能性も少ないと考えるべきである．逆に湖や海で堆積してできた堆積岩であり，変成の程度が低ければ，微化石が残される可能性は高い．

2) 化学組成

　太古代の生物は鉱物質の骨格や殻を持っていなかった（はずであ

る).炭水化物やタンパク質などの生体高分子は分解し水,二酸化炭素,窒素にもどるが,一部は炭素を主成分とした有機物粒子として残る.したがって問題となる構造物が有機物粒子でできているということは,化石であるために重要な条件となる.

3) 産出数とサイズ

微化石とおぼしき物体が1つや2つ見つかっただけでは,それらが偶然の産物であることを否定できない.同じような形をしたもの,同じようなサイズのものがたくさん見つかることが必要.さらにそれらが群体(コロニー)状に産出すれば言うことはない.

4) 化石生成過程

これは専門用語ではタフォノミーと言うが,生物が化石になる過程で状態が変化する.柔らかい体をもった生物の遺体が堆積物に埋没して圧力を受けると押しつぶされ,あるいは変形する.また化石化するプロセスでさまざまな分解状態になる.このような変形や一部破損したものが含まれていることは微化石と判定するうえで有力な条件となる.

5) 複雑さと精巧さ

微生物,特に原核生物は単純な形をしたものが多いが,べん毛を有し,らせん状のものもいる.また数珠状に連なって群体を作る種もある.真核生物であれば,細胞自体の構造が複雑で,さまざまな細胞小器官が存在する.また外形的にもヒラヒラや表面装飾が認められ,非対称であることも多い.これらの特徴を有する場合,生物起源の可能性は高くなる.

6) 形態のバリエーション

 生物は増殖する．そして単細胞生物であってもその "一生" のうちに形態を変化させるものもいる．単独の細胞の他に分裂中や出芽中の細胞と考えられるような構造が認められる場合，問題とする構造が生物起源である可能性は高い．

太古代微化石の発見者になるには？

 読者の多くはここまで読んできて歯がゆい思いをしているに違いない．いったいどれだけの条件が整えば "太古代の微化石" として認定できるのか？　いったい太古代の微化石だと断定できる決定的な証拠になりうるものはあるのだろうか？　結論を言うと，これさえあれば太古代の微化石として認定できるというような決定的証拠になる "スモーキング・ガン"（あなたの傍らに銃で撃たれた死体があるとする．もしあなたが，銃口から煙の立ち上る銃——スモーキング・ガン——を持っていれば，よっぽどのことがない限り，有罪になるだろう）はない，と考えるべきだ．ここで述べてきた形態上の特徴を仮にすべて満たしたとしても，懐疑論者にとっては十分ではないかもしれない．グラナダ大学の J.M. ガルシア-ルイスらは，バリウムを溶かした溶液からクリスタライトというナノスケールの極微小な結晶を析出させると，その結晶がまるで生き物のような奇妙な集合体を作ることを報告している（**図 11.7**）[4]．このような無機的にできた生物的な構造物をバイオモルフと呼ぶが，その中にはガンフリント微生物群（第 2 章，図 2.3）にそっくりなものも含まれている．さらに彼らはこれらのバイオモルフに有機物を吸着させることや，シリカゲルの中に作ったバイオモルフを鋳型として有機物からなる疑似化石を作ることにも成功している．ということは，いかに形態が複雑であっても，それが生物であったことの証拠

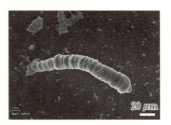

図 11.7　バリウム塩のバイオモルフ
フィラメント状の微化石に形態が酷似する．Garcia-Ruiz 博士の好意による．

にはならないことになる．ではどうすればタフな懐疑論者たちを納得させることができるのだろうか？　彼らの反論に対抗し，あるいは査読者の審査をくぐり抜けて専門誌に成果を掲載させるにはどうしたらよいのだろうか？　さらには広く学会でその成果が受け入れられるには……．「まあ気長にやるしかないさ」と答えるしかないだろう．

引用文献

1) Sugitani *et al.* (2007) Diverse microstructures from Archaean chert from the Mount Goldsworthy-Mount Grant area, Pilbara Craton, Western Australia: Microfossils, dubiofossils, or pseudofossils? *Precambrian Res.*, **158**, 228–262.

2) Evitt, W.R. (1963) A discussion and proposals concerning fossil dinoflagellates, hystrichospheres, and acritarchs. *I. Proc. Natl. Acad. Sci.USA.*, **49**, 158–164.

3) 杉谷健一郎 (2010) 西オーストラリア・ピルバラ地塊における前〜中期太古代微化石記録とその生物進化史における意義．地球化学，**45**, 265–279.

4) García-Ruiz, J.M. *et al.* (2002) Morphology: An Ambiguous Indicator of Biogenicity. *Astrobiology*, **2**, 353–369.

⑫ 謎の太古代大型微化石——その3

徐々に明らかになる太古代微化石群の姿

　西オーストラリア地質調査所のキャス（前出）に共同研究の約束を取り付けた私は，帰国後，問題の構造に関する基礎的なデータを集め始めた．それらがどのような特徴を持つのか，その特徴に基づいてどの程度までバイオジェニシティー（生物起源性）が主張できるのか，さらに今後何をしなければいけないかを整理するためだ．ところで基礎的なデータとは何か？　当時の自分にできることと言えば，薄片の観察だった．「微化石」の入った薄片を顕微鏡でひたすら観察し，1つひとつの「微化石」の形，大きさ，産状，他の微化石との位置関係などを詳しく記載していった．毎日数時間，ひたすら顕微鏡で薄片を見続け，写真を撮って，その大きさを測り，気がついたことを記載し，を半年以上続けた．ある朝，納豆を箸でかき混ぜていると，その粒がぼやけていることに気づいた．昔から眼は良く，40歳越えても視力が両眼2.0であることを自慢にしていた

自分が,すぐ目の前の納豆さえ見えない.しかし遠くの文字はよく見える,老眼だ! 顕微鏡では自分で焦点を合わせる必要がないので眼球の焦点調節機能が急速に衰えたのだ.

観察を進めるうち実にさまざまな形態の構造物が含まれることがわかってきた.主要なものだけでも4種類が挙げられる.

1) 小型の球状で集合体を形成するもの
2) 大型の球体でおもに単独で産出するもの
3) 一見,紡錘状で,単独—ペア—集合体としても産出するもの
4) フィルム状のもの

この中で最も数が多いのは,フィルム状のものと紡錘状のものであった.特に注目されたのは紡錘状のもので,その長径は20〜60 μm,中央部の幅は20〜30 μm 程度だ(第11章,図11.3).ただ,紡錘状とはいったものの,詳しく観察していくとそう単純ではないことがわかってきた.顕微鏡のステージを上下しながら観察することによって対象物の3次元的な形態を推測できるが,本当に紡錘体ならその両端は円錐のように尖っており,その端に焦点が合うのはほんの一瞬のはずだ.ところがこの紡錘体の両端は,ステージを移動させてもその位置を徐々に変えながら常に尖ったままで焦点が合っているものが多い.紡錘体と呼んではいるものの,実は違うのではないだろうか? ステージを上下しても常に焦点が合い,しかも先端が尖っているということは,「紡錘体」の両端部は円錐形ではなく,ナイフの歯のような形態をしていることを意味する.さらにその中央部(本体)も棒状(紡錘体ならそのはず)ではなく,レンズのようになっていることがわかってきた.すなわちレンズ状の本体の周りに薄い帽子のツバのような突起(後にフランジと呼ぶこと

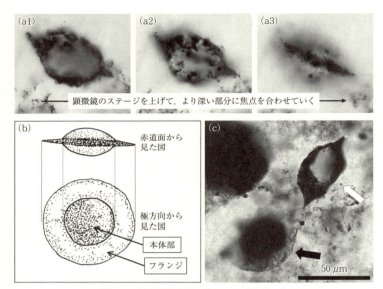

図 12.1 紡錘状微化石は実はレンズ状だった
(a) "紡錘状" 微化石がツバ状突起（フランジ）を有することを示す連続写真．(b) ツバ状突起を有するレンズ状微化石は赤道面から見た場合と極方向から見た場合ではまったく異なる形状を示す．(c) ほぼ同じサイズのレンズ状微化石が並んでいる．白矢印の標本は赤道面を観察しており，本体部が空洞であることがわかる．黒矢印の標本は斜め極方向から観察していると考えればよい．

になった）がついているようなのだ（**図 12.1**）．そう考えると，それまで厚い外膜を有する球状化石と解釈していた構造や，奇妙な形態のものとしてひとからげにしていたものが，実は「ツバ状突起を有するレンズ状構造」を色々な角度からみたものであるとすれば無理なく理解できることがわかったのである．この形態学的な特徴は，後に母岩のチャートから微化石を直接取り出して観察することで，最終的に確認した．

　いずれにせよ数ヵ月の顕微鏡観察を経て，これらの構造が太古代

の微化石に違いないという確信に至ることができた．その確信のもととなったいくつかの証拠について下記にまとめてみたい．

証拠その1：微化石が含まれるチャートは堆積岩である．

問題の微化石様構造が入っている約30 cmの厚さの黒色チャートは，砂岩層とチャート〜縞状鉄鉱層の間に挟まれ，水平方向に数km連続する．ラミネーションという水中で小さな粒子が沈降してできる内部構造があり，微化石様構造もその一部を構成していた（**図12.2**）．さらには砂粒でできた薄い層も含む．これらの事実からこの黒色チャートが堆積岩であることは間違いない．

証拠その2：化学組成

微化石様構造はいずれも黒色で，マトリックスにも微小な黒い粒子がたくさん含まれている．これらが有機物粒子であることは，レーザーをあてて対象物の同定ができるラマン分光分析によって確認できた（**図12.3**）．さらにチャートから抽出精製した有機物の炭

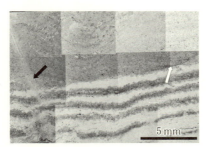

図12.2 黒色チャートのラミネーション（一部クロスしているように見える）が発達した部位
黒い粒子は有機物片であり，マトリックスも非常に細粒な有機物粒子を含み暗色になっている．白い矢印：微化石様構造物がある場所．黒矢印：チャートが固結した後に侵入したシリカに富む溶液の通り道（脈）．

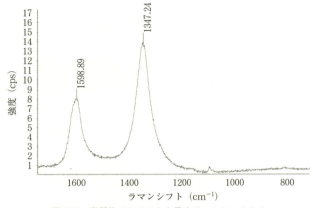

図 12.3 炭質物であることを示すラマンスペクトル

素同位体組成は −30‰ より軽く,生物起源的だ.

証拠その 3:産出数とサイズ

微化石の産出数は多く,1 つの薄片(2.7 × 3.5 cm,厚さ 30 μm)に主要 4 タイプだけで数十個体見つかることも珍しくない.もっとも,これは小球体のコロニー状集合体を 1 つとカウントしているので,これらを 1 つひとつ数えたら数百個体になるだろう.加えて球状とレンズ状それぞれの形態タイプのサイズ分布は狭く,生物的である.

証拠その 4:化石らしい不完全さ

いずれのタイプも有機質の膜でできているが,透明感があり滑らかな表面のものから,部分的に粒状になっているもの,さらには全体が粗い粒状で,もはや膜とは言い難いものまでバリエーションに富んでいる.この変化は有機質膜の分解の程度が異なることで説明

⑫ 謎の太古代大型微化石——その3　165

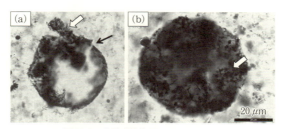

図 12.4　大型球状化石のタフォノミー
(a) 大型球状化石で膜の一部が破れ，めくれ上がっているもの（白い矢印）．細い石英脈によっても切られている（黒矢印）が，その場合はシャープである．(b) 膜構造の粒状化（白矢印）が進行した大型球状微化石．第11章の図11.5と比較されたい．

できるだろう．さらに，球状とレンズ状の構造についてはその形における不完全性も認められる．完全な形状のものから若干歪んでいるもの，さらには一部が破損しているように見えるものもある（**図 12.4**）．

証拠その5：複雑さと精巧さ

　レンズ状構造には本体を取り囲むツバ状突起（フランジ）があり，単純な球状体に比べてはるかに高い複雑性を有する．フランジは球状体の一部が押しつぶされてできたのではないか？　という疑問を呈されたことがあるが，それは違う．押しつぶされてできたのであれば，フランジ面は堆積面と平行になるはずである．しかしフランジ面と堆積面のなす角度は，0〜90度まで幅広い．球状化石については，表面にゴルフボールのような"えくぼ"（第11章，図11.5）が発達するものがあり，これもまた精巧さの1つと言えるだろう．

証拠その6：生命活動の証

　細胞分裂中のような構造やその結果形成されたコロニー様集合体が多数観察される．小型球状構造は10個から多いときには100個以上の集合体として産出することが多い（第11章，図11.4）．レンズ状構造もしばしば集合体として産出したり，2個体以上が連結してダンベル〜鎖状構造を形成しているケースも稀ではない（**図12.5，12.6**）．

　以上のような特徴を仔細に記述し，ファレル珪岩層の黒色チャートに含まれる小型球状構造，大型球状構造，レンズ状構造，そしてフィルム状構造は微化石の可能性が高い，と結論づけたレポートをキャスに送った．私がパースを訪れてから1年近く経ってからであ

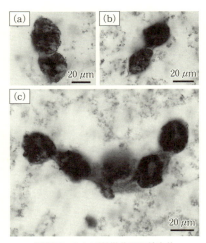

図12.5　レンズ状微化石の結合体
(a), (b) 2個のレンズ状微化石が融合したもの（ダンベル状構造）．融合（分裂？）の程度が異なる点に注意．(c) レンズ状微化石が5個連なって鎖状構造を形成したもの．

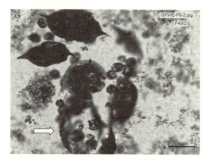

図 12.6 フランジを有するレンズ状微化石のコロニー
このコロニーの重要な点は小型球状微化石も共存すること，そしてレンズ状微化石が破裂しフラグメント化したと考えられる膜片（矢印）が含まれることである．→ 口絵11 参照．

る．教科書や参考書から推測される太古代の生物像からはあまりにもかけ離れているように思えたので，自分自身を納得させるのにこれだけの時間がかかったのだ．このレポートはオーストラリアの研究者たちをを本気にさせたようだったが，道のりはまだまだ遠かった．「ケンが採取したチャートは本当に太古代のものなのか？　現生のシリカ沈殿物ではないのか？」と彼らは心配になってきたのだ．そこで彼らの不安を解消するため微化石産出地点に一緒に行って黒色チャートの露頭に案内し，その層が太古代であることを確認したうえでどの地層グループに属するのかはっきりさせようということになった．それは 2003 年のことだ．そしてちょっと大げさであるが，そのとき私はオーストラリアの岩石砂漠で危うく干物になり損ねたのだった．

オーストラリアで遭難しかける

　2003 年の調査では，西オーストラリア地質調査所のマーティン（前出）とオーストラリア宇宙生物学センターの学生をマウント・

グラントの露頭に案内した後，学生の調査フィールド（ノースポール地域，第4章参照）を見学させてもらうことになっていた．当然であるが，彼らもゴールズワージー緑色岩帯で微化石を産出する黒色チャートを見て，それが太古代のものであると直ちに納得した．しかし話は少々ややこしくなってしまう．地質図に基づいた私の解釈は「マウント・グラントの黒色チャートと下位の砂岩層はゴージクリーク層群の一部であるコルボイ層に対応し，堆積年代は約30億年」であった．ところがマーティンは「この黒色チャートとその下位にある砂岩層は，スティリー・プール層（第3章参照）に対応する」としたのだ．スティリー・プール層の堆積年代は約34億年前，私の推定より4億年も古くなったのだ．西オーストラリア地質調査所でピルバラ地塊のマッピングをまかされている男の言うことである，おそらく正しいのだろう．しかし，これが後になって共同研究者間に混乱を引き起こすことになる．

　宇宙生物学研究センターの学生の調査フィールド，ノースポール地域へは未舗装ではあるが整備された広い道（ノースポール・ロード）が続いている．途中 "Panorama Station"（パノラマ・ステーション）という古ぼけた看板がある3叉路で左に進み一回り細い小径を走る．その小径の途中から右に折れ，かん木地帯を2, 30分進むとキャンプ地に到着する（**図 12.7**）．現地では約35億年前の渚の化石（リップルマーク），石膏（？）のバラ状結晶など（**図 12.8**）を観察した後，夕食をごちそうになり折りたたみ式のベッドで寝袋にくるまった．本当なら満点の星空を眺めながら心地よい眠りにつくはずだったが，前日にポート・ヘッドランドのスーパーで買った寝袋が安物で，あまりの寒さに耐えきれず車の中に逃げ込み，それでも凍えてほとんど眠れなかったことを憶えている．さて翌日，朝食を済ませた私は帰路についた．再び彼女に先導され小径にたどり

⑫ 謎の太古代大型微化石──その3　　169

図12.7　パノラマ・ステーションへの分かれ道，キャンプサイト，廃屋，主要道路の位置関係
簡単なルートだが，「迷った」と思い込んでいったんパニックになると冷静な判断ができなくなることを思い知らされた．

着く．ここを"左"に進めば10分もしないうちにノースポール・ロードに合流し，2時間も走ればポート・ヘッドランドにつくはずであった．それくらい自分でわかっていなければならなかったのだが，彼女に
「ここを"右"にしばらく行けばノースポール・ロードよ」
と言われ，何も考えることなく「じゃあ，ありがとう」と握手をして別れたのだった．これから始まる初めての国際共同研究に心躍らせつつ車を走らせた．ところがいつまでたってもノースポール・ロードにぶつからない．しかも往路にはなかったような道の大きな起伏や左右からのびる木々の様子にだんだん不安は募ってきた．いったい自分はどこを走っているのか，この道は往路ではないようだ．本当にこのまま進んでノースポール・ロードにつくのだろう

図12.8　ノースポール地域に見られた石膏？のバラ状結晶
交代作用を受けているので元の組成は推定するしかない．→ 口絵12参照．

か？　その不安は往路では見たこともない家が左手に現れたことで決定的となった．私が走っている小径が2股に分かれ，左へ走るとその家の敷地だ．右に直進すればどこに行くのか皆目見当がつかない．私は左に進み古ぼけた家に車を走らせた．誰かがそこにいてノースポール・ロードにどうやって行けばいいのか教えてくれることを期待した．ところがその家，パノラマ・ステーションに住む人はなく，それは廃屋であった（**図 12.9**）．戸口までいって確かめたわけではない．敷地の入り口は閉ざされており，そこから母屋までは数十mの距離があったからだ．しかしその家に人が住んで日々の生活を送っているのか，打ち捨てられ風雨にさらされるままになっている家なのかは，直感的にわかるものだ．車を止めて外に出ると，風の吹き抜ける音と，鳥のさえずりしか聞こえない．私はあわてて車に戻り，もと来た道を引き返した．明らかに私はこの広大な荒野（アウトバック）で道に迷いかけている（という考えにとらわ

図 12.9 パノラマ・ステーションの廃屋

れた).喉がカラカラに乾いてきた.食料はまったくなく,水は助手席に転がる 500 cc のペットボトル 1 本だけである.地図も衛星電話も GPS もない.もと来た道を引き返しながら嫁と子供の顔が浮かぶ.パニックになりかけながら車を走らせた.私に残っている冷静な部分が,生き残る方法として大学院生達のキャンプサイトへ戻ることを意識していたのかもしれない.しかしキャンプサイトへ戻るための地点をちゃんと憶えている訳ではなく,地形からその方角を読みとろうとしても皆目見当もつかない.別れてから何分走ったかを憶えていればある程度の予想はついたのだが,それもわからない.走り続けてその地点を通過することに対する不安から何の理由もなく車を止めた.車から降りトラックを右往左往した私の眼に飛び込んできたのは数十 m ほど離れたブッシュにある大きな木とその下に止まっている 4WD 車,そしてそこで地図を広げている女性の姿であった.彼女はその場をすぐさま立ち去る様子でもなかったが,私は大声を張り上げ,日本語で「おーい,おーい」と叫びながら両腕を振り回して走りよった.そこにいたのは私に道を教えた学

生であり，この事態を予測していたかのように落ち着いた様子で，
「迷ったでしょ，そうなるんじゃないかと心配でちょっと待っていたのよ」
と言った．そして彼女がノースポール・ロードまで案内する，ということになり車で先導する形でトラックを最初と同じように右に進んだ．しばらくすると彼女は車から降りてきて地図をしばらく眺めた後，
「これはどうも間違いね，やっぱ左だったわ」
と言った．結局われわれはUターンして引き返し，ひたすらまっすぐ走ってパノラマ・ステーションの看板がある3叉路に戻ったのである．後からこの地域の地図を見ると，パノラマ・ステーションの廃屋の方向にいくら進んでもノースポール・ロードには合流しないことは明らかである．その先は2, 3の小径に枝分かれして結局は行き止まりとなっており，そのうちの1つはノースポール・ストロマトライトの代表的露頭へのアクセス路であった．

ヨハネスブルグ空港でも"遭難"しかける

　ノースポールでのプチ遭難事件の後，2ヵ月も経たないうちに私は初めて南アフリカを訪れた．その半年ほど前，太古代地質学のパイオニアの1人であるスタンフォード大学のD. ロウ（前出）から1通のメールが来たのだ．南アフリカのバーバートン山地でフィールドワークショップをやるので参加しないか？　というものだった．ロウは，私がゴールズワージー緑色岩帯調査の最初の成果（微化石はそのときは見つかっておらず，地質学的な特徴に関する論文）を『プレカンブリアン研究』に投稿した際の審査者で，Major Revision（大幅な修正を要求する，という厳しい判定）を2回も喰らわしてくれた先生である．2回目のコメントには「この著者はい

くつかの面白い事実を見つけており，それをちゃんと記述するだけでも十分なのに，なんでこう無理な解釈をしようとするのか！？」という多少イライラした調子のコメントが返ってきたのだが，私としては「あ，そうかなるほど」とそれまでのあまり意味のないこだわりがポロッと取れ，論文を書くということがどういうことかが，少しわかった気になったのだ．自分が研究者としてちょっとは成長できたと思えるきっかけになった査読だったので，編集者から受理の通知が来たときには本当に嬉しく，ロウに御礼のメールを出した．それがお誘いのきっかけかどうかはわからないが，いずれにせよ断るなど考えられない．ただ 2003 年と言えばサッカーワールドカップ南アフリカ大会の前で，南アフリカはとにかく危険な国，というイメージに凝り固まっていた私にとっては，1 人で，しかも全然知らない海外の研究者と 1 週間以上も寝食をともにするというのも，結構プレッシャーになっていたことを白状したい．バーバートン山地はヨハネスブルグから数百 km 離れており，ワークショップは現地集合だという．エストニア出身の地質学者 A. レプランドが運転するレンタカーに相乗りさせてもらうことになり，ヨハネスブルグの空港ロビーで落ち合うことになっていた．マレーシア経由でヨハネスに到着した私は，薄暗い空港の雑然としたロビー，機関銃を下げた厳しい目つきの警備員，次から次へと声をかけて来るポーターに圧倒されながらも，必要以上に全身の感覚を研ぎすませて，レプランドが来るのを待った．彼が乗ってくるはずの飛行機の便名はあらかじめ知らされている．その飛行機の到着を知らせるアナウンスがあり，到着ゲートからたくさんの人が吐き出されてきた．どうもそれらしき人間はいないようだ．一度ロビーを歩いて探してみるが，見つからない．1 時間，2 時間，レプランドは現れない．携帯電話もなければ，衛星電話ももちろんない．バーバートン山地ま

で車をレンタルして1人で行くなんて，それこそ想定外．「参った，こりゃ名古屋に帰るしかないのか……」と途方に暮れた頃，ヒゲを蓄えた白人の男性が "Ken Sugitani" と書かれた紙を持って歩いているのを見つけた．それこそ地獄に一筋の光を見た思いであった．その男性に駆け寄り，
「イイイ…イッツ，ミー！」
と声をかけ，どちら様でしょうかと尋ねると，ぐっと胸をそらせて
「マーティン・ブレイジャー」
と答えたのである．この人があの有名な……．唖然としたのは言うまでもない．

　彼の話では，レプランドは飛行機に乗り遅れたとのことで，代わりに私をピックアップしてバーバートン山地まで一緒に行くとのこと．ブレイジャーの他にNASAの研究者J．リンゼイ（故人），今も活躍するオランダの地球化学者M．ヴァンツイレン他1名の計5名でバーバートン山地に向かうことになった．数時間のドライブの後，最初の宿泊ホテルに到着した．ひと休みしてロビーに行くと，参加者がワインやビールを片手にリラックスした様子でおしゃべりを楽しんでいる．アイスブレーカーだ．そういう名前のカクテルもあるそうだが，ここでは会議やワークショップの前にしばしば行われる軽いパーティーのこと．参加者同士の距離を縮める意味合いがある．そこでロウに挨拶し，同業者の輪に加わったのだった．本著の最初のほうでお見せした南アフリカの現地の人たちとの写真はそのワークショップのとき撮ったものだ．

⑬

謎の太古代大型微化石——その4

『ネイチャー』に投稿しようとするが……

　南アフリカから帰った後，すでに作成したレポートを元にして投稿用論文を書くことにした．もちろんターゲットは『ネイチャー』だ．オーストラリアの共同研究者と議論していく中で試料採取地点が34億年前のスティルリー・プール層に相当するという結論（これは後に見直しを迫られる）に達していたので，「34億年前もの太古の時代に大型の細胞をもつ真核生物レベルの微生物が，他の様々な形態の微生物と太陽の光がさんさんと降り注ぐような浅い海に満ちあふれ，複雑な生態系を形成していた」というものだ．今から考えれば，思い込みと希望的観測に満ちあふれたひどい代物だった．しかし自分としては全身全霊をかけて書き込んだ自負もあった．なんとか論文を作成し，それを共同研究者に流した．しかしいつまでたっても誰からも返事が返ってこない．2，3ヵ月もたっただろうか，突然マーティン（前出）からメールが来た．

「あの論文はどうなってるんだ？」
待ちくたびれていい加減うんざりしていた私は，
「さあね，ピルバラのアウトバックにでも転がっているんじゃないのか」
と投げやりなメールを返すのが精一杯であった．この当時共同研究者たちが何を考えていたかわからないし，今さら聞くつもりもない．これじゃダメだと思われていたかもしれないし，まだ対等の共同研究者として扱ってもらっていなかったのかもしれない．『ネイチャー』用の原稿は放置された状態が続く一方で，マルコム（前出）から，2005年にフィールドワークショップを開催するから参加しないか？　という招待メールが届いた．この分野の主要な研究者の前で自分が見つけた微化石について発表しろ，ということだ．2つ返事でOKしたことは言うまでもない．

　このワークショップはまずパースの南西にある港湾都市フリーマントルでセッションをやった後ピルバラ地塊へ移動し，エイペクス・チャートを初めとして主要なポイントを数日間皆で回って現地で議論する，というものであった（**図 13.1**）．参加者はそうそうたる顔ぶれで，大本 洋，R. サモンズ，B. ラニガーらがずらっと並んでいる．自分の発表では，ゴールズワージー緑色岩帯から発見した微化石様構造を30分ほどかけて紹介し，それらが34億年前の微化石である可能性はきわめて高い，と結んだ．参加者からは簡単な2, 3の質問があった程度で無事発表はすんだ．席に戻ると，はす向かいに座っていたサモンズがニコニコとウィンクしてくれ，また別の人はわざわざ席まで来て，
「よい発表でしたよ」
と言ってくれた．また
「今の（非常に懐疑的な）状況で，どうするつもりだ？　ハードル

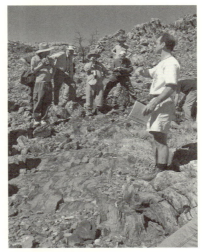

図13.1 2005年のフィールドワークショップの1シーン
スティリー・プール層の代表的露頭であるトレンドール露頭にて．右端の白いシャツの人物はM.J. ヴァンクラネンドンク博士．

は恐ろしく高いぞ」
「可能性はあるけど，スモーキング・ガン（決定的な証拠）がないわね〜」
など，どういうリアクションをしてよいかわからないコメントをくれた人もいた．いずれにせよこの発表によってこの研究は新しい段階に進んだ．

論文発表にこぎ着けたが……

セッションの後，今後どのように進めるかについてキャス（前出），マルコム，マーティン達と議論し，『ネイチャー』ではなく，『プレカンブリアン研究』に投稿することでまずはプライオリティー（自分たちが第一発見者であることを主張する，研究者にとっ

ては最優先すべきもの)の確保をすることになった.

ところがこの論文が投稿できるまでにさらに一悶着あった.最も問題になったのは試料を採取した地層の年代である.試料採取地点については共同研究の初期の段階からオーストラリアの共同研究者にちゃんと説明し,試料採取地点へ直接案内もしている.その結果,試料を採取した地層は地質図上では30億年前のコルボイ層として記述されてはいるものの,スティルリー・プール層(34億年前)の可能性が高い,という共通認識にいたったと私は認識していた(第12章参照).そこで地層の所属の新解釈も含めて論文を書くことにした.ところが第一稿を皆に回覧したところ,他の共著者から
「試料採取地点はスティルー・プール層じゃない!」
ということで大紛糾となったのだ.こちらとしては「何を今さら」である.詳細は省略するが,私が採取した地層は最新の解釈によれば30億年前のファレル珪岩層だという.さらには
「スティルリー・プール層だというから意味があるのに,30億年前だということに失望した.年代の変更は問題だから,この論文は一度ペンディングにしたらどうか」
という人も出てくる始末.そんなことをしている間に他の誰かが先に論文にしたらどうなる? 自分の数年にわたる労力が水の泡になってしまうではないか? ここは絶対に引くわけにいかない.混乱気味の共同研究者に対して,
「自分は地層の年代について34億年前という数字にはこだわっていない,30億年前でも全然構わない.誰が一番古い微化石を見つけたかどうかなんてことに興味はない」
と,メールで啖呵を切った.なりふり構ってはいられなかったのだ.その結果,私の主張は(渋々だったかもしれないが)受け入れられ,論文は完成し投稿することができた.

このようにいくつかの難関を切り抜け,「西オーストラリア・ピルバラ地塊,マウント・ゴールズワージーとマウント・グラントの太古代チャートから産した多様な形態をもつ微細構造——化石,おそらく化石,あるいは偽化石——」という,きわめてニュートラルなタイトルで論文を投稿するまでにたどり着いた.学術雑誌に投稿された論文は,編集委員によって審査のため専門家2~3名に送られ,大体1ヵ月を目安に編集部にコメントを返すことになっている.当然遅れる人もいるわけで,投稿してから4ヵ月位で帰ってくるだろうと踏んでいた.果たしてそれぐらいで論文が返されてきたのだが,査読者の1人はあの太古代微化石懐疑派の大御所ブレイジャーだったのだ.彼の査読コメントは上から目線でかつ微に入り,細に入ったもので,プリントアウトするとA4十数枚に達した.彼の最後のコメントは,「著者は問題の構造物について様々な角度から議論しており,その生物起源性をかなりの説得力をもって論じている.しかし私を満足させるには至っていない."It is not my satisfaction"」故人には失礼だがまったく鼻持ちならないコメントである.猛烈に対抗心が湧いてきて,徹底的に反論してやろうと(もちろんこちらが修正すべき所は修正し),A4で20枚超にもなる反論を書いた.私としてはこれで正面突破できる十分な自信があった.ところが共同研究者たちは

「ブレイジャーは徹底的に戦うつもりだろう.おそらく論文が受理される可能性は低いから,いっそ投稿を取り下げ,同じ『プレカンブリアン研究』にW.ショップ(当時もエイペクス・チャート論争は当然続いていた)が企画している特集号に再投稿したらどうか?」

と言う.まるで敵前逃亡ではないか.しかし,結局私はこの助言を受け入れ,特集号に修正版を投稿することにした.果たして査読結

果はすぐ返ってきて，しかも小規模な修正で受理するという．あっけない幕切れである．こんな風にドタバタしている間にも心の折れる出来事があった．共同研究者の1人，A.アルウッドが『ネイチャー』で論文を発表し，しかも表紙を飾ったのだ（第3章参照）．それも2006年，私の論文が出る前の年に．彼女はスティリリー・プール層に含まれるストロマトライトを徹底的に調査し，それらが生物起源であることを主張する論文を発表したのだった．一躍彼女は時の人となり，ネット上でもちょっと検索すれば続々と彼女の記事が出てくるという状況であった．「こんなに盛り上がったら，自分の論文はほとんど見向きもされんだろうな～」と，せっかく6年越しで研究成果が形になろうとしているのに，冷や水を浴びせかけられた気分であった．加えて同年日本からは東工大の上野雄一郎らが「ノースポールから35億年前の生物起源メタンの発見」という，これもまた大反響を呼んだ論文を『ネイチャー』に発表している（第4章参照）．われわれの論文は2007年に印刷発行されたが[1]，やはりほとんど反響らしきものはなかった．さらにこの論文を引っさげて日本の地球科学関係の最大の学会，千葉の幕張メッセで開催された「地球惑星連合学会」で発表したものの，自分より一回り若い地球化学者から容赦ない批判（というより全面否定だ）を受けた．それも今から思えば批判のための批判（アンモナイトの化石をそれが無機的な方解石でできているから化石とは言えないだろう，という程度の）だったのだが，彼に比べて頭の回転がはるかに鈍い私は戸惑うばかりで，ろくすっぽ反論できず，よしもと新喜劇の俳優さんのように「なんでやね～ん！」と虚空に叫ぶのがやっとだった．

それでもひっそりと研究は進む

　なんともしょぼい太古代微化石研究者としてのデビューであっ

たが，共同研究の申し込みや提案が相次ぎ，フォローアップの研究は着実に進んでいった．1つは NASA の D. アエラーと仏・自然史博物館の F. ロベールが中心として行った，Nano-SIMS を用いた微化石の化学組成の分析である[2,3]．Nano-SIMS とは，SIMS (Secondary Ion Mass Spectroscopy：セカンダリーイオンマススペクトロスコピー)，すなわち微小部の同位体分析に威力を発揮する二次イオンスペクトロスコピー質量分析計の一種で解像度がナノスケールまで高められたものだ．この分析機器を用いて微化石の微細構造と炭素，窒素，硫黄の濃度分布を詳しく調べた結果，レンズ状微化石には炭素に加えて生元素として重要な窒素と硫黄も含まれていること，さらにその本体内部が，数 μm スケールの網目状構造を有していることが明らかになった（図 13.2）．私自身は顕微鏡のステージをモーターで制御し，サブミクロン刻みで何十枚も写真をとり，それらを合成して3次元画像をつくることで，通常の顕微鏡写真ではわからない，表面の"えくぼ"の様子やフランジに見られる縞模様など，詳細な構造上の特徴を示すことができた[4]（図 13.3）．さらに母岩であるチャートを塩酸—フッ化水素酸で分解することで微化石そのものも取り出すこともできたのだ．この手法は，普通は原生代以降の微化石抽出に用いられる．有機物はこの混酸では分解されないので，微化石が有機質膜から形成されていればその形状を保持したまま抽出される．前述のキャスはそもそもこの手法の専門家だ．彼女がこの方法を提案した際，私は懐疑的だった．なぜなら，分解・変質の進んだ太古代の微化石がこの手法で抽出できるとは思えなかったからだ．ところが「ダメ元でやってみようよ」とキャスが実際にやって見ると，薄片で観察された微化石が抽出できたのである[5]．この最初の試みではあまり状態のよい微化石は得られなかったが，微化石がたくさん

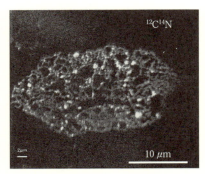

図13.2 Nano-SIMS（二次元高分解能二次イオン質量分析装置）を用いて行ったレンズ状微化石断面の元素マッピング像

細かいネットワーク構造が見られる．（D. アエラー博士の好意による．）→ 口絵13参照．

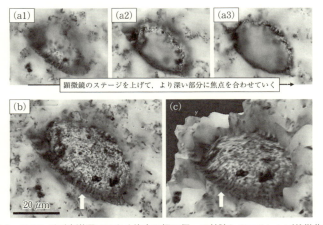

図13.3 フランジが赤道面ではなく片方の極に偏って付随しているレンズ状微化石の形態解析

(a) 異なる焦点深度で撮影した光学顕微鏡写真．(b) a1-3を単純合成したもの．(c) それを3D化した画像．画像処理によってフランジ上の筋状の微細構造が明らかとなった（矢印）．

含まれている試料を選んで，かつ抽出方法を少し変更することで，保存状態がきわめてよい標本がそれこそざっくざっくと回収することができたのだ（**図 13.4**）．抽出した微化石は電子顕微鏡などを用いて直接観察することができる．得られる情報が飛躍的に増すわけである．そもそも太古代の複雑な形態の微化石がこのように抽出されたのは世界で初めてだ．次にペンシルバニア州立大学のC. ハウスが中心になって行った研究を紹介したい[6]．彼は原生代の有機質膜を有する微化石，アクリタークをSIMSで直接分析し，形態の違いに対応して炭素同位体比が変動することを初めて示したが，同様の試みを30億年前のファレル珪岩微化石群にも適用したのだ．ターゲットはレンズ状化石と小型球状化石．それぞれの炭素同位体組成は平均 $-37‰$ と有意な差はなかったものの，微化石とそれらが埋め込まれているマトリクスに散在する有機物粒子（$\delta^{13}C = -33‰$）の間に明瞭な同位体組成の差が認められたのだ．これは，この微化石の生物起源性を考えるうえで非常に重要だ．太

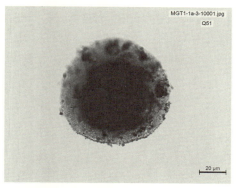

図 13.4 ファレル珪岩黒色チャートより分離したレンズ状微化石を極方向から撮影した写真
内側の黒い部分が本体でそれを同心円状に取り巻く半透明部分がフランジに相当する．

古代の微化石に懐疑的な研究者は，そのように見える構造は，堆積物の中に含まれる有機物（それが生物起源かどうかは問わず）が，移動，凝集して細胞のような形態になる可能性を常に強調する．もしそうであるなら，微化石様構造を形成する有機物と，マトリクスの有機物の同位体組成に違いはないはずだからである．

このように，フォローアップの研究はいずれもファレル珪岩の黒色チャートに含まれる問題の構造が微化石であることを裏付けるものであり，現在もマリー・キュリー大学のS. デレンらによって有機地球化学的なアプローチが行われ，リージュ大学のE. シャボーとその学生によって抽出標本の電子顕微鏡観察が進められている．

ある国内のワークショップに参加したときのことである．発表を終えて自分の席に戻った私の前に1人の著名な研究者が座った．彼のところに人がやって来て私の発表について何ごとかしゃべっている．するとその研究者の口から

「あんなのサイエンスじゃないよ」

との言葉が……．彼は私が直ぐ後ろにいることに気づいてないらしい．おそらく「仮説を立てて実験・観測をしてその仮説の正しさを検証する」ようなエレガントな研究だけが彼にとってのサイエンスであり，たまたま拾った石ころに見つけた30億年前の化石の研究なんて言うのは，低レベルの仕事に見えるのだろう．しかし，"見つけてしまった"ものはしょうがないではないか．喰うに困っている人間が秘宝のありかを示す地図をたまたまにせよ手にいれたら，多少のリスクを冒しても探しにいくのは当然だ．いずれにせよ学術誌にファレル珪岩微化石群に対する反論が投稿されたということはこれまで聞いたことはない．こちらとしては，ファレル珪岩微化石群の生物起源性に対する反論が来てくれたほうが有り難いくらいだ．批判があれば，それによって注目を集めることができるし，そ

の批判を論破することによって，30億年前の大型微化石群の存在がより広く認められるからだ．

34億年前の南アフリカ・オンベルトワクト層群（クロンベルグ層）の大型微化石

前述したファレル珪岩微化石群の研究の進展は，1992年に発表されたもののまったくと言ってよいほど注目されなかった南アフリカの大型微化石に光をあてることになった．

『プレカンブリアン研究』に，南アフリカの約34億年前の黒色チャートに産する微化石様構造物に関する論文が掲載されている[7]．タイトルは"Microfossils and possible microfossils from the Early Archean Onverwacht Group, Barberton Mountain Land, South Africa"，和訳すれば「南アフリカ，バーバートン山地の初期太古代オンベルワクト層群から見つかった微化石と微化石様構造」となる．報告者はD.ロウ（前述）の学生で，現在ルイジアナ州立大学のM.ウォルシュである．オンベルワクト層群からは珪化した微生物マットと考えられるチャートや，バクテリア様の微小な球状体なども報告されている．

ウォルシュはオンベルワクト層群のクロンベルグ層などで採取したチャート中に紡錘状構造，球状構造などを確認し，それらの生物起源性を慎重に検討している．この紡錘状構造は中空で長径が数十μmから大きいものは100μm以上に達する．もちろん有機物でできており，ウォルシュはこの微化石が大きすぎることは認めつつも，原核生物の化石と考え，当時散発的に起こっていた微惑星衝突（第1章参照）に耐えるための頑丈なシェルター「休眠胞子」という解釈を提示した．ただこの研究は注目を浴びることはなかったようだ．微化石の保存状態はあまりよくなく，再調査にもかかわ

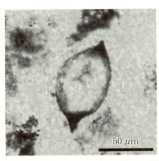

図13.5 バーバートン緑色岩帯のクロンベルグ層（約34億年前）のチャートに含まれるレンズ状構造物
内部が空洞（微細な石英で埋められている）であることがわかる．残念ながら産出数は1つの薄片に1つという希少さ．

らず微化石を含むチャートを再び見つけることができなかったらしい．そこで私は彼らに代わってこの微化石を再発見すべく2007年にバーバートン山地で調査を行った．その結果，同様の構造物を見つけることができたのである．そしてこれらが紡錘状ではなく，レンズ状であり，ファレル珪岩のものと同様フランジを有している可能性も高そうであった（図 13.5）．ただ標本数がきわめて少なく，有機物が粒状化しているなど，保存状態もよくなかった．もっとデータを集めてから論文化しようと2012年にも再調査を行ったものの，残念ながら再々発見にはいたらなかった．そしてその2年後，第一発見者のウォルシュが"紡錘状"微化石を再び見つけた（らしい）というメールが，アエラー（前述）から送られて来たのだ．これについてはアエラーが，ウォルシュ，私，ハウスとの連名で同年のとある国際会議で発表したが[8]，事前に送られて来たその要旨に添えられた写真を見る限り，最初に報告されたものや私が見つけたものに比べて保存状態はよく，レンズ状である可能性も高いと考えられた．

西オーストラリアの30億年前の地層だけでなく南アフリカの34億年前の地層からも，どこにでもあるような球状や繊維状とは異なる，特殊な形態でかつ大型の微化石が産出することが明らかになったのだ．このことは一体何を意味するのだろうか？　それはともかく，南アフリカの34億年前の地層にも大型レンズ状微化石が産出するなら，ピルバラ地塊の同様な年代の地層，ストロマトライトで有名なスティルリー・プール層に産出しても不思議ではないはずだ．そう考えて2007年から2012年にかけてほぼ毎年スティルリー・プール層を調査したのだが，はたしてその複数地点から大型レンズ状微化石が見つかったのである．

スティルリー・プール層からも大型微化石が見つかった

　スティルリー・プール層はピルバラ地塊の11の緑色岩帯に分布し，堆積エリアは30000 km^{2}に及ぶ．砂岩，炭酸塩岩，チャートなどからなり，層厚は最大1000 mに達する．上位と下位にある火山岩の噴出年代により34.26億年前から33.50億年前の間に堆積したと見積もられている．堆積環境としては，潮間帯から炭酸塩プラットフォーム（炭酸塩の堆積作用が長期間継続することによって形成される平坦な地形のこと）のような浅海，潟湖，塩湖などが考えられている．スティルリー・プール層はストロマトライトが広範囲に分布することで世界的に有名である．しかしそのストロマトライトに微化石は見つかっていない（第3章参照）．

　レンズ状微化石群の探索はパノラマ，ワラロン，ゴールズワージー，ドゥーリナ，マーブルバー，ケリーの7つの緑色岩帯で行い，そのうちパノラマ，ワラロン，ゴールズワージー緑色岩帯（第10章，図10.1）から微化石が見つかった[9, 10]（**図 13.6**）．微化石産出地点数を具体的に述べるのは難しい．なぜなら微化石が含まれる

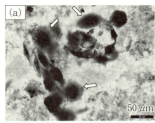 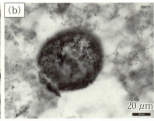

図13.6 スティルリー・プール層の微化石
(a) レンズ状微化石のコロニー．極方向が見えているものを矢印で示した．(b) 大型球状微化石．やや回転楕円体の可能性がある．

チャートは層状なので，その層を追って行けば，ほぼどこにでも見つかるのだ．事実パノラマ緑色岩帯では微化石を含むチャートが5kmほど離れた地点で，別個に見つかっており，ワラロン緑色岩帯も数十m離れた2地点で採取した試料に微化石が含まれていた．パノラマ緑色岩帯の1地点を除いて，繰返しサンプリングを行っており，微化石の存在を何度も確認したことは言うまでもない．

　スティルリー・プール層の微化石群はファレル珪岩のものとよく似ている．レンズ状，小型球状微化石を主体とし，大型球状化石やフィルム状のものも含む．これらの生物起源性はファレル珪岩微化石群の場合と同様に，サイズ分布，形状の複雑さと不完全性，化学組成，同位体組成など複数の項目について検討した結果導きだされた結論だ．その中で特に注目されるのは，仏・リール大学のK.ルポがウィスコンシン大学にポスドクとして滞在していたときに行った仕事である[11]．彼はパノラマ，ゴールズワージー両緑色岩帯の試料について，レンズ状と小型球状微化石の炭素同位体組成をSIMSで分析した．すると前者は〜−32‰，後者は−35〜−36‰というように両者の間にわずかではあるが有意な差が認められた．この結果は生物起源性を裏付ける強力な証拠となるだけでなく，両者が異な

る生物種であることを示している．形が違うから当然だと思わないで欲しい．原核，真核を問わず単細胞生物であっても，その"一生"のうちに異なる形態をとるものは多い．特に生育環境が悪化したときに，芽胞やシストと呼ばれる，頑丈な皮膜で覆われた休眠胞子を形成することはよく知られているし，細菌でも増殖に際して内部に多数の娘細胞を作って大型化するものや，多数の細胞が集合して子実体という，胞子を内部にもつ構造物を作るものがいるのだ．さらにこのスティルリー・プール層のレンズ状微化石も酸分解によって抽出することが可能であり，ファレル珪岩のものと同様，頑丈な有機質膜を保持していることがわかっている．

驚くべきことだ．30億年前と34億年前の地層から，しかも南アフリカとオーストラリアの複数地点から同様の大型レンズ状微化石を含む多様な微化石群が産出するのだ．初期生命研究にとってこれはとてつもない事実である．しかしこれらの微化石についてわかっていることは限られている．

引用文献

1) Sugitani, K. *et al*. (2007) Diverse microstructures from Archaean chert from the Mount Goldsworthy-Mount Grant area, Pilbara Craton, Western Australia: Microfossils, dubiofossils, or pseudofossils? *Precambrian Res.*, **158**, 228-262.

2) Oehler, D.Z. *et al*. (2009) NanoSIMS: Insights to biogenicity and syngeneity of Archaean carbonaceous structures. *Precambrian Res.*, **173**, 70-78.

3) Oehler, D.Z. *et al*. (2010) Diversity in the Archaean biosphere: New insights from NanoSIMS. *Astrobiology*, **10**, 413-424.

4) Sugitani, K. *et al*. (2009) Three-dimensional morphological and textural complexity of Archean putative microfossils form the

northeastern Pilbara Craton: Indications of biogenicity of large ($>$ 15 μm) spheroidal and spindle-like structures. *Astrobiology*, **9**, 603–615.

5) Grey, K., Sugitani, K. (2009) Palynology of Archean microfossils (c. 3.0 Ga) from the Mount Grant area, Pilbara Craton, Western Australia: further evidence of biogenicity. *Precambrian Res.*, **173**, 60–69.

6) House, C.H. *et al.* (2013) Carbon isotopic analyses of ca. 3.0 Ga microstructures imply planktonic autotrophs inhabited Earth's early oceans. *Geology*, **41**, 651–654.

7) Walsh, M.M. (1992) Microfossils and possible microfossils from Early Archean Onverwacht Group, Barberton Mountain Land, South Africa. *Precambrian Res.*, **54**, 271–293.

8) Oehler, D.Z. *et al.* (2014) "Spindle-shaped microstructures: potential models for planktonic life forms" 45th Lunar and Planetary Science Conference, 1254.pdf, Texas, Arizona, USA.

9) Sugitani, K. *et al.* (2013) Microfossil assemblage from the 3400 Ma Strelley Pool Formation in the Pilbara Craton, Western Australia: Results from a new locality. *Precambrian Res.*, **226**, 59–74.

10) Sugitani, K. *et al.* (2010) Biogenicity of morphologically diverse carbonaceous microstructures from the ca. 3400 Ma Strelley Pool Formation, in the Pilbara Craton, Western Australia. *Astrobiology*, **10**, 899–920.

11) Lepot, K. *et al.* (2013) Texture-specific isotopic compositions in 3.4 Gyr old organic matter support selective preservation in cell-like structures. *Geochim. Cosmochim. Acta*, **112**, 66–86.

⑭

太古代大型微化石の謎に迫る

レンズ状微化石の特徴

　ここでピルバラ地塊の 30 億年前と 34 億年前に産出するレンズ状微化石について，共通する特徴と相違点をまとめておきたい．

　共通する特徴としては以下の 6 点が挙げられる（**表 14.1**）．

1) 全体の長径は 20〜60 μm であり，大きいものでは 100 μm に達する．
2) フランジ（赤道面から伸びるツバ状の突起）の幅と本体の半径の比率は，多くの場合 0.5 より小さい．またフランジには不規則な網目模様が認められる場合がある．
3) 中心（本体）部が黒く不透明なタイプと透明なタイプがある．
4) コロニーを形成し，2 個体以上が連結してダンベル状〜鎖状構造を呈することもある．

5) 炭素同位体組成は −30〜−40‰ であり，報告されている太古代有機物の炭素同位体比の範囲内にある．
6) 有機質の頑丈な膜を保持しており，塩酸—フッ化水素酸分解によって母岩から分離抽出可能である．
7) 潟湖や潮間帯のような浅い水域で堆積したチャートに含まれる．
8) 他の形態の微化石（小型球状微化石，大型球状微化石，フィルム状微化石）とともに産出する．

おもな相違点としては以下の2点が挙げられる．

1) 同じスティルリー・プール層でも，パノラマ緑色岩帯から産出したレンズ状微化石は極方向から見た形状が楕円体のことが多いが，ゴールズワージー緑色岩帯のものは真円に近いものが多い．
2) スティルリー・プール層のレンズ状微化石のコロニーにはその他の形態の微化石が混在することはほとんどないが，ファレル珪岩層の場合はしばしば小型球状微化石を伴う．

34億年前の浅い水域には，レンズ状で様々な幅のフランジをもった，原核生物としては異常に大きい微生物が，他の微生物とともに生息していたのだ．同じくレンズ状微化石が産出する南アフリカのカープバール地塊（クロンベルグ層）と西オーストラリアのピルバラ地塊が，34億年前にどのような位置関係にあったかは定かではないが，岩相と層序（どのようなタイプの地層がどのような順序で積み重なっているか）から，スティルリー・プール層とクロンベルグ層が連続的であったとは考えにくい．したがってレンズ状「微

表14.1 ファレル珪岩層とスティルリー・プール層のレンズ状微化石相違点まとめ

	ファレル珪岩層 (30億年前)	スティルリー・プール層 (34億年前)
堆積場	潟湖	潟湖〜潮間帯
熱水の影響	比較的弱い	強い
形状(極方向)	真円	真円及び楕円
長径	20〜60 μm	20〜60 μm
フランジのサイズ	無し〜フランジ幅／本体直径＝1	無し〜フランジ幅／本体直径＝1
フランジの葉様	繊維状,網目状,粒状,ガラス状	網目状,粒状,ガラス状
二分裂の形態	あり	あり
コロニー	あり,小型球状化石をしばしば伴う	あり,レンズ状化石のみの場合がほとんど

生物」は,ある限られた場所に生息していたのではなく広範囲に分布していた,いわゆる「コスモポリタン(地球全体に広く生息していた生物)」の可能性が高いと考えられる.そして形や模様の多様性は,そのレンズ状の微生物は1種類ではなかったことを示唆する.さらに同様なレンズ状微化石が30億年前の地層(ファレル珪岩層)からも産出することから,このタイプの微生物が太古代において数億年も生き延びたことになる.もっともこのファレル珪岩層としてきた黒色チャートの年代は正確にはわかっていない.岩相と層序から"若く見積って"30億年前ということなので,実際は両者の年代はもっと近いかもしれない.後述するが,ファレル珪岩層のレンズ状微化石は,形態・産状いずれにおいてもスティルリー・プール層のものに比べて多様である.34億年前から4億年(最も長く見積って)かけてこの種のレンズ状微生物が繁栄・多様化したに違いない.

レンズ状微生物の生息環境——ファレル珪岩層の場合

レンズ状微生物の生息環境については，黒色チャートが含まれるスティルリー・プール層，ファレル珪岩層いずれも浅い水域で形成されたと考えられる．ファレル珪岩の黒色チャートは，長さが30cmにもなる六角柱状の巨大結晶からなる層とセットで産出するが（第10章参照），その巨大結晶はもともとナーコライト（$NaHCO_3$）という塩であったと，結晶面間の角度などから推測されている（第10章，図10.4）．このような水に溶けやすい塩が巨大結晶として析出するのは，潟湖のような閉じた水域で，蒸発が進み塩分濃度が上昇し，過飽和状態になったためだ．このナーコライトは，南アフリカのバーバートン緑色岩帯のチャートからも報告されており[1]，太古代の蒸発岩相を特徴づける可能性がある．

ファレル珪岩層では石英質の砂岩層の上位部にこの蒸発岩層があり，その上に微化石を含む黒色チャートが現れる．黒色チャートは整合的に縞状チャートに覆われ，さらに上位に進むにつれ縞状鉄鉱層的な岩相に移行する．この上位層の最下部，すなわち黒色チャートの直上では，散発的に砂岩が挟まっているが，その頻度は上位に向かうにつれ減少していく．そしてところどころに，平板状のチャート礫を含んだ奇妙な砂岩の岩体がみつかる（**図 14.1**）．これはエッジワイズ・ブレッチャといって，基質の砂粒子を供給した強い流れ（エネルギー）によって，すでに固結していたチャート層が破壊・運搬され，再堆積したものである．この岩体は水平方向の広がりが少ないことから，チャネル（水路）のような場所を見ている可能性がある．いずれにしても黒色チャートとその上のチャートの堆積場が遠洋・深海域ではなかったことは確実である．むしろ陸地に近い，浅い場所であり，流入する河川によって海（湖？）底がえ

図 14.1 チャートの平板状角礫を含む砂岩
地層としての広がりはなく,チャンネル(水路)堆積物であると考えられる.→ 口絵14参照.

ぐられ,浅いところから運ばれた大きなチャート礫が堆積することもあったような場所だっただろう.そしてその上位層であるクリヴァービル層にそのような陸域〜閉鎖水域(砂岩層〜蒸発岩層)から徐々に水深が深くなるという環境変化を記録していると考えられる(**図14.2**).

次にこのような堆積環境の変化をチャートの化学的特徴から見て行くことにしよう.ここで着目するのは希土類元素である(第9章参照).チャートのような化学的沈殿物は,そのソースとなった水塊の希土類元素のパターン(平均的な頁岩で規格化したもので議論することが多い)を記録すると考えられている.太古代の海洋で堆積した化学的沈殿岩(炭酸塩岩やチャート,縞状鉄鉱層)の多くは,

1) 重希土元素に富む
2) 不明瞭なセリウム異常(後の変質の影響を受けやすいから)
3) ユーロピウムの正異常

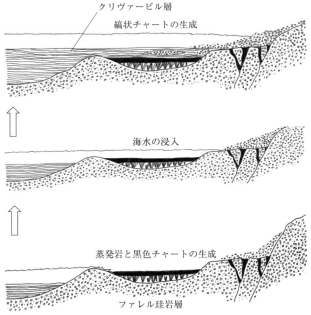

図 14.2 ファレル珪岩層からクリヴァービル層への堆積環境の変遷模式図
海面の相対的上昇に伴い，堆積場の推進は徐々に深く，かつ陸地からの距離は遠くなっていったと考えられる．左の矢印は時間の経過を示す．

4) イットリウムとホルミウムの比（Y/Ho）が地球全体の値より有意に（～40）大きくなる

という4つの特徴が見られることが多い．したがって，太古代の海水も同様の特徴を有していたという前提で以下の議論をすすめたい．

微化石を含む黒色チャートは，海水に特有の重希土類元素に富むというパターンを示すものの，その程度はスティルリー・プール層のストロマトライトなどに比べて小さく，ユーロピウムの正異常

⑭ 太古代大型微化石の謎に迫る　197

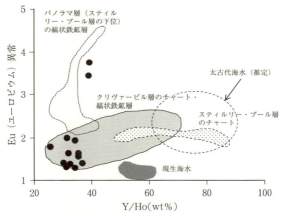

図14.3　ファレル珪岩黒色チャートとクリヴァービル層の起源
Eu-異常 vs. Y/Ho 図においてファレル珪岩黒色チャート（黒丸）は太古代海水領域とは異なる領域にプロットされる．（Sugahara *et al.*（2010）Fig.9 をもとに作成．）

も，それほど大きくはない．また Y/Ho の値も一般な海水値にくらべると小さい（Box 9 参照）．これらの特徴はこの黒色チャートが太古代の典型的海水から沈殿したものではないことを示している（**図 14.3**）．一方，この黒色チャートの上位に産出するクリヴァービル層の縞状チャートはパターンが一見バラバラで，一貫した特徴がないように見える．しかし，下位から上位に向けて徐々に Y/Ho 値と Eu 正異常値が大きくなるという特徴は見逃せない（**図 14.4**）．このことは，クリヴァービル層が，徐々に海水の影響が強くなるような環境で堆積したことを示しており，下位から上位にかけてチャートに挟まれる砂岩が減少するという堆積学的な特徴と矛盾しない（図 14.2）．ユーロピウムの正異常値が小さいことから，おそらく黒色チャートは海水よりも陸水や低温熱水の影響を強く受けるような閉鎖的な水域で形成され，その後堆積場全体が沈降するか，海面の上昇によって，海水の影響が徐々に強くなっていったと考えら

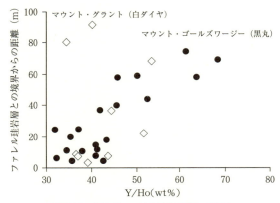

図14.4 クリヴァービル層の Y/Ho の変化

ファレル珪岩黒色チャートの上位に整合的に堆積し,徐々に深くなっていったと考えられるクリヴァービル層は,上位に向かうにつれて Y/Ho の値が大きくなる.離れた2地点で同じ結果が得られた.ユーロピウムの正異常も同様の傾向を示す.(Sugahara et al. (2010) Fig.7a をもとに作成.)

れる[2].もしかしたらゴールズワージー地域全体がこの時代,東アフリカ地溝帯のような陸域のプレート拡大境界だった可能性がある.東アフリカ地溝帯では熱水活動が活発で,蒸発岩も生成している.この地帯は今後も徐々に拡大し,やがて紅海あたりから海水が浸入してくるはずだ.いずれにせよ,微化石を含む黒色チャートが海水起源ではなく,陸水や低温熱水の影響が疑われる点は注目に値する.すでに30億年前に陸域生態系が成立していたことを示唆するからである.

レンズ状微化石の生息環境——スティルリー・プール層の場合

ゴールズワージー,ワラロン,パノラマ緑色岩帯の3ヵ所のスティルリー・プール層の岩相・層序は若干異なり,厳密な意味で同じ

堆積環境であったとは考えられない.しかし,同層に関する多くの研究から,浅海域であったことに間違いはない[3].実は本書の執筆も大詰めを迎えた頃,『地球生物学』に私たちの論文が2報受理された.1つは酸分解で抽出したスティルリー・プール層のレンズ状微化石の内部構造,微細構造を詳しく調べ,その生物起源性を駄目押ししたものである[4].もう1つはここでの議論に関わる研究成果だ[5].研究対象はゴールズワージー緑色岩帯のウォーターフォール露頭である——この地点から炭素質のラミネーションを持つストロマトライトが産出することは第3章で述べた.この地点には正真正銘のストロマトライトの他にストロマトライトによく似たコーン状の構造を有する塊状の黒色チャートが産出し,その中にこれまで報告されて来たのと同様のレンズ状,球状,フィルム状のものに加え,大型球状微化石のコロニーや出芽で増殖したように見えるものまで,おそろしく多様な微化石が見つかった(**図14.5**).この黒色チャートは黄鉄鉱や閃亜鉛鉱に富み,重金属が濃集していた.希土類元素パターンはバリエーションに富んでおり,熱水と海水の混合が示唆された.またコーン状の構造はストロマトライトではなく,陸域で形成される熱水性珪質沈殿物である「シンター(珪華)」の可能性が高いことが明らかになった(**図14.6, 14.7**).それらが形成されたのは砂浜海岸の陸側に分布する温泉地帯のような場所だったと私は考えている.もしかしたら30億年前どころか34億年前にすでに陸域に生態系が存在したかもしれないのだ.この「前期太古代陸域生態系成立説」は現時点で仮説の域を出ないが,このウォーターフォール露頭の多様な微生物群が浅い水域でかつ熱水が流入するような場所に生息していたことについては確信がもてる.そのような環境では,一次生産者は太陽の光エネルギーに加えて熱水によって供給される様々な還元性物質を化学エネルギーの供給源として

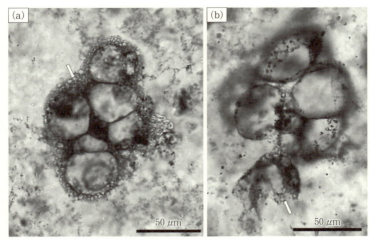

図 14.5 ウォーターフォール露頭に産出するスティルリー・プール層の微化石
いずれも大型（> 20 μm）の球体のコロニーである．(a) 個々の細胞間の圧着が明瞭で，泡状の物質（矢印）に取り囲まれているもの．(b) ややルーズなコロニーで，細胞のうち壊れているものがある（矢印）．→ 口絵 15 参照．

利用できただろう．独立栄養性の微生物にとってはパラダイスであり（ということは一次生産性が高く，従属栄養性微生物にとってもハッピー），前期太古代における生物多様性のホットスポットであったと主張したい．

レンズ状微化石の "大きさ" の意味

レンズ状微化石は大きい．一般的な原核細胞が長径で 0.5〜5 μm であることを考えれば，そのサイズは十分真核細胞的だ．では 34 億年前にすでに真核生物が出現していたのだろうか？ もしそうなら，現時点で確実に真核細胞化石とされているのが約 16〜18 億年前のアクリタークなので，その記録をなんと 17 億年もさかのぼることになる[6]．本当にそんなことがあり得るのだろうか？ 実は

図14.6 微化石を産する塊状の黒色チャートに見られる，コーン状構造
(a)この構造は2枚の層理面（矢印）に発達する．(b)コーン構造が発達する面を上から見たところ．この構造が同一方向に扁平していることがわかる．水流の影響を受けていた可能性がある．白い両矢印はコーン状構造の長径に対応．黒い矢印は皮殻をもつコーンを示す．(c)断面の様子．石英脈（白い部分）が多く認められ，ラミナははっきりしない．→ 口絵16参照．

図14.7 コーン部を薄片にし，スキャンしたもの
ラミナ（微小な黄鉄鉱粒子からなる）が認められるが，コーンの縁で途切れている（矢印）．ストロマトライトにはない特徴だ．第3章，図3.8，3.9と比較されたい．

現生の細菌（原核生物）の中にも数十 μm から大きいものでは数百 μm に達するものがいる．それらと同じような原核細胞であるという可能性はないのだろうか？ たとえばチオマルガリータ・ナミビエンシスという，硫化水素を酸化して得られるエネルギーで化学合

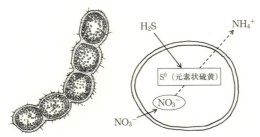

図 14.8 チオマルガリータとその硫黄代謝
チオマルガリータは長径が 500 μm 以上にもなるバクテリアで,数珠状のコロニーを形成することもある.細胞にはキラキラ輝く小粒が見られるが,それは元素状硫黄の粒子であり,細胞の大部分を占める液胞内に硝酸イオンとともに蓄えられている.これらの物質はチオマルガリータの代謝に用いられる.(左イメージは Salman et al. (2011) Fig.2a[7]をもとに作成.)

成的に生きる細菌がある[8].この細菌は直径が 500 μm 以上にもなり,肉眼で 1 個 1 個の細胞を見ることができるほどだ.ただこの細胞は,大部分が液胞であり,実質的に生命活動を行う細胞質は細胞の縁辺のごく薄い部分にしか存在しない.この細菌は硫化水素を酸化する際硝酸を利用するのだが,それが欠乏するのに備えて,液胞中に蓄える.さらに硫化水素の酸化によってできた元素状硫黄粒子もこの液胞に蓄積され,顕微鏡で見るとキラキラと光って美しいらしい(**図 14.8**).またシアノバクテリアの中には多分裂という特殊な増殖方法をするものがいる[9].数 μm の栄養細胞が 20 μm 以上にまで成長し,その際内部に多数の娘細胞が作られる.最終的には母細胞が破れて娘細胞が放出される.その他に,魚の内蔵に寄生するバクテリアの中にも数百 μm 以上に成長するものがあることが知られている[8].

そもそもなぜ原核細胞のサイズは小さく,真核細胞は大きくなるのか? 真核細胞の中には細胞骨格というタンパク質が張り巡ら

されており,代謝という生命維持のために必要な化学反応を円滑に行うための物質移送をになっている.したがって必要な物質が低濃度であっても反応が可能になる.原核細胞の場合もこれまで存在しないと考えられていた細胞骨格の存在が近年次々明らかになっているが,そのおもな機能は細胞分裂と細胞の形状維持である[10].原核細胞のサイズが小さくならねばならない理由は,生命維持に必要な化学反応が細胞内での物質の拡散に頼っているからだ.この観点からすると,チオマルガリータもシアノバクテリアも実質的な細胞サイズは小さいと言える.寄生性バクテリアがなぜ巨大なのか,まだ十分合理的な説明はされていないようだが,1つの可能性としては,宿主の内蔵という養分豊富な環境がその巨大化を促した,というものである.これらの事例は,断片的ではあるものの太古代のレンズ状微化石のサイズを理解する手がかりになるだろう.

レンズ状微生物の生活環

ピルバラ地塊のスティリー・プール層の下位砂岩層から報告された微化石やドレッサー層の硫化鉱物や硫酸塩鉱物の研究から,太古代には硫黄を代謝する微生物が棲息していたと考えられている[11].だとするなら,レンズ状微生物が硫黄代謝性で,チオマルガリータのように代謝に必要な養分を蓄えるために,大型化したとは考えられないだろうか? この仮説を検証するために鍵となるのが,レンズ状微生物の生活環(ライフサイクル)である.私たちはファレル珪岩のレンズ状微化石については,そのコロニーに小型球状化石がしばしば含まれることから,両者が同じ微生物の異なる生活ステージを表すと考え,シアノバクテリアのように多分裂で増殖していた可能性を示唆した(**図 14.9**)[12].レンズ状微化石を主体とするコロニーに見られる小型球状化石の直径は5~10 μmの直径

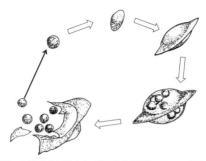

図14.9 サイズの様々な球状化石とレンズ状微化石がコロニーを形成する（12章，図12.6参照）ことから推測した生活環

なので，若干大きいが原核細胞としても無理はない．ところが，レンズ状微化石はしばしば2個以上が連結してダンベル状〜鎖状構造を形成し，本体が融合したものからフランジ部のみで結合しているもの，さらに直線上に接して並んでいるものまである（第12章，図12.5）．レンズ状構造の生物起源性は十分立証されているので，ダンベル〜鎖状構造とそこにみられる配列のバリエーションは，細胞分裂プロセスに対応すると考えるのが最も合理的である（**図 14.10**）．そしてそのような構造を形成する個々のレンズは細胞分裂直後の若い細胞に違いない．若い細胞であれば，その内部に多数の娘細胞を擁したり，まだ巨大な液胞で満たされたりしていないだろう．そのうえで細胞のサイズが大きければ，真核細胞としての要件を1つは満たすことになる．

　レンズ状微化石はその赤道面に沿って発達するツバ状突起であるフランジを持っている場合が多いが，このフランジは細胞本体をとりまく附属物のようなものなので，それを含めたサイズ（直径）では，実質的な細胞サイズを反映していないことになる．また本体は球状ではないので，単に直径だけで細胞サイズの大小を議論する

図 14.10 レンズ状微化石の単純な 2 分裂増殖モデル

と正確性を欠くことになる．そこでレンズ状微化石の本体部の堆積を計算してみた．岩石薄片でダンベル状を呈しつつ，かつ赤道面が観察できる標本を探したところ，その最大厚さは 20 μm であった．この値と直径の 30 μm を用い，レンズ状微化石を回転楕円体に近似してその体積を計算すると約 9420 μm^3 になる．この体積を有するような球状細胞の直径を逆算すると，約 26 μm になり，一般的な原核生物に比べればはるかに大きなサイズであることがわかる．

以上考察したのはファレル珪岩層のレンズ状化石についてだが，スティルリー・プール層の化石の場合，今のところレンズ状化石と球状化石が混在したコロニーは見つかっていない．一方ダンベル状〜鎖状の構造はいくつか認められ，それらをもとにした同様の計算から，若い細胞の体積は少なく見積って 7000 μm^3，球状細胞に近似したときの直径は〜12 μm となった．ファレル珪岩のレンズ状微化石よりは小さいが，一般的な原核細胞に比べればかなり大きい．またこのような計算は一部の標本を抽出して試験的に行ったにすぎないので，データを増やせばさらに大きい数値が得られる可能性は高いと考えている．

フランジの模様はトリックか？

　第7章で原生代の微化石が真核生物起源であるとする根拠の1つとして，その細胞壁表面にミクロン・スケールの幾何学的な模様があることを挙げた．この規則的な模様が形成されるためには高度に組織化された機能が必要である．その裏付けが，真核細胞に固有な細胞骨格だ．先に述べたように，細胞骨格は原核細胞にも次々と見つかっているが，その表面にミクロン・スケールの幾何学模様があるという話は今のところ聞いたことがない．

　この観点から，レンズ状微化石のフランジ（第12章，図12.1）の表面に見られる網目模様について考えてみたい（**図 14.11**）．まず非生物起源として最も考えやすいのは，マトリクスの石英粒子の再結晶に伴って形成されたというものだ．化石を含むシリカに富む堆積物が固化する際，その前身である非晶質のオパールからミクロン・スケールの石英に再結晶する．再結晶に伴ってオパールから有

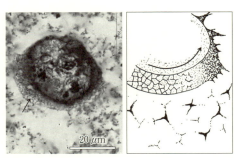

図 14.11　フランジの網目模様はマトリクスにおける石英の再結晶だけで説明できるのか？
左図は異なる焦点深度で撮影した像を合成したもの．フランジ部（矢印）には数 μm 以下の不規則な網目模様があるが，本体部には見られない．右図はフランジの網目模様とエッジの保存状態が変化していく様子（矢印の向きに保存状態が悪くなっている）．マトリクスの石英の再結晶によってできる不完全な網目模様はサイズが大きい．

機物や不純物が吐き出され,最終的に結晶と結晶の境界,いわゆる結晶粒界に濃集し網目状構造が形成された,というものだ.この形成モデルは前にも出てきた共同研究者のK.ルポが好んでいる.実はある論文の準備中にこの模様の起源について議論になり,生物起源を諦めきれない私と彼の意見がいつまでも折り合わなかったことがある.残念ながら,確かに積極的に生物起源を示す証拠はない.網目模様はまれにきれいな多角形を呈することがあるが,多くの場合不定形だ.私が得意とする光学顕微鏡の観察では,マトリクスの石英粒子の結晶境界と模様のパターンとの関係もはっきりとはわからない.ただ気になることがある.網目模様は必ず見られるわけではないのだ.標本によってはフランジ全体が細かい粒状を呈し,あるいは羽毛状のものもある.さらに1つの標本のフランジでも場所によって網目模様が明瞭な部位と不明瞭な部位が共存することも多い.さらに石英再結晶説で説明し難いのは,網目模様がフランジにはあるが,その延長上にある本体部に見られないという場合だ.大型の球状化石やフィルム状化石にフランジに見られるような網目模様が確認できない事実も見過ごせない.これらの事実から,網目模様はフランジに本来備わった微細構造である,という可能性を私はいまだに捨てきれない.もっともそのパターンは原生代の真核藻類のものに比べて不規則で"貧相"ではある.

レンズ状微化石は真核生物か?

もしこれらのレンズ状微化石が15億年前の地層から発見されたとしたら,おそらく真核藻類の化石として報告しても大きな反論は出ないだろう.実は約12億年前と9億年前の地層からもフランジをもつレンズ状微化石が報告され,*Pterospermella*とか*Pterospermophsis*という属名が与えられている[13,14].詳しい分

類学的研究はされていないが、真核藻類で緑藻植物門のプラシノ藻のプテロスペルマ属との関連性を報告者らは考えているようだ。プラシノ藻は 1 μm から数 μm の小さな藻類で、鞭毛を有し遊泳性だが、プテロスペルマ属のものは、通常の 2 分裂の他に多分裂でも増殖する。通常の状態である栄養細胞が鞭毛を失い、海底や湖底に沈むと徐々に大きくなり不動細胞と呼ばれるものになる。不動細胞は休眠しているわけでなく、その中に多数の娘細胞が作られ、それらが最終的に放出されるのだ (**図14.12**)[15]。この不動細胞がレンズ状で、専門用語で「アラ」と呼ばれるツバ状突起を本体の赤道面に持つようになる。これは外見上レンズ状微化石のフランジに相当する。正直言うと私は一時、レンズ状微化石をこの不動細胞として解釈しようと躍起になっていた。しかし現在、少なくとも 34 億年前のスティリー・プール層のものについては、その可能性は限りなくゼロに近いと考えている。理由は、レンズ状微化石のコロニーに小型球状微化石が含まれないことと、しばしばダンベル〜鎖状構造を構築していることだ。この微生物が単純な 2 分裂のみで増殖していたことはほぼ間違いない。すなわちこのレンズ状微化石は栄養細胞であり、不動細胞ではないということだ。一方 30 億年前のファレル珪岩層のレンズ状微化石についてはその可能性を保留したい。ここではレンズ状微化石と小型球状化石からなるコロニーが珍しくなく、レンズ状微化石の内部に小型球体を含むものが数は少ないが見られる。

　先に述べた原生代のレンズ状微化石との比較は、太古代レンズ状微化石の正体を突き止める 1 つの突破口になりうると思うが、20 億年以上も年代が離れているので、できればその間を埋める年代の地層からレンズ状微化石を見つけて系統的に調べたいところである。ところが、なぜかフランジをもつ微化石の報告はきわめて少ない。

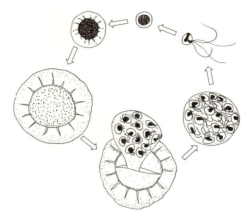

図 14.12　現生緑藻の一種である「プラシノ藻」の仲間「プテロスペルマ」の生活環
鞭毛を持ち活発に泳ぎ回る遊泳細胞は環境の変化などで鞭毛を捨て,水底に沈んでファイコーマ(不動細胞)となる.不動細胞は休眠状態ではなく,内部に多くの娘細胞を形成する.(Tappan (1980) Fig.10.7[16])を参考にして作成.)

もっとも 30 億および 34 億年前のレンズ状化石と原生代のそれとの間に系統関係がなくても何の不思議はない.レンズ状でその赤道面にツバ状の突起があることで,流されにくい,あるいは浮遊しやすいなどのメリットがあるため,まったく違う種類の微生物が同じ形態を獲得しただけかもしれないのだ(イルカとサメを考えればわかりやすい).さらに言えば,レンズ状微生物は現生の生物界の 3 つのドメイン(真核生物,真正細菌,古細菌)のいずれにもあてはまらない,生命初期進化の一時期にのみ栄えた絶滅したグループの可能性も十分ある.いずれにせよ,このレンズ状微化石の正体はまだ謎のベールに包まれたままであり,その解明にむけて今後も研究を進めていきたいと考えているし,我こそはと思う学生さんにはぜひとも参加してもらいたい.

　最後に私の妄想におつきあい願いたい.大型レンズ状微化石が産

出するスティルリー・プール層,クロンベルグ層より古い時代の地層には今のところ同様の化石は産出しない.微化石様構造はいくつか報告されているが,確かなものは少ない.すなわち進化の連続性がなく突如として大型のレンズ状微化石が産出するようにみえるのだ.これについて,カリフォルニア工科大学のJ.L.カーシュビンクの生命火星飛来説に乗っかって[17],「このレンズ状微生物が火星生まれでレンズ状の形態を獲得した後,火星に隕石が衝突した衝撃で,地殻のかけらとともに宇宙空間へはじき出され,長い旅路の果てに地球に到達した」という仮説を提案してみたい.火星は地球よりも小型で太陽よりも遠い.地球がまだ灼熱の状態のときに,温暖で水が存在する生命を育むのに適した環境が成立していたことは最近の火星探査の結果をみても疑う余地はない.したがって火星で誕生した生命が数億年かけて大型レンズ状微生物に進化し,それらが先に述べたようなメカニズムで地球に到達したと考えるのは理にかなっている,というのは言い過ぎだろうか? 今後の火星探査によってサンプルリターンが実現すれば,この突拍子もない仮説が本当だった,ということにならないとは限らない.そうなったらイグノーベル賞に手が届くかもしれない.

引用文献

1) Lowe, D.R., Worrell, G.F. (1999) Sedimentology, mineralogy, and implications of silicified evaporites in the Kromberg Formation, Barberton Greenstone Belt, South Africa. *Geol. Soc. Am. Spec. Paper*, **329**, 167–188.

2) Sugahara, H. *et al.* (2010) A systematic rare-earth elements and yttrium study of Archean cherts at the Mount Goldsworthy greenstone belt in the Pilbara Craton: Implications for the origin of

microfossil-bearing black cherts. *Precambrian Res.*, **177**, 73-87.

3) Hickman, A.H. (2008) Regional review of the 3426-3350 Ma Strelley Pool Formation, Pilbara Craton, Western Australia. *Geological Survey of Western Australia Record*, 2008/15.

4) Sugitani, K. *et al.* (2015) Early evolution of large micro-organisms with cytological complexity revealed by microanalyses of 3.4 Ga organic-walled microfossils. *Geobiology*, **13**, 507-521.

5) Sugitani, K. *et al.* (2015) A Paleoarchean coastal hydrothermal field inhabited by diverse microbial communities: the Strelley Pool Formation, Pilbara Craton, Western Australia. *Geobiology*. **13**, 522-545.

6) Knoll, A.H. *et al.* (2006) Eukaryotic organisms in Proterozoic oceans. *Phil. Trans. Roy. Soc.*, **B361**, 1023-1038.

7) Salman, V. *et al.* (2011) A single-cell sequencing approach to the classification of large, vacuolated sulfur bacteria. *System. Appl. Microbiol.*, **34**, 243-259.

8) Schulz, H.N., Jørgensen, B.B. (2001) Big bacteria. *Annu. Rev. Microbiol.*, **55**, 105-137.

9) Angert, E.R. (2005) Alternatives to binary fission in bacteria. *Nature Rev. Microbiol.*, **3**, 214-224.

10) Shih, Y.-L., Rothfield, L. (2006) The bacterial cytoskeleton. *Micorbiol. Mol. Biol. Rev.*, **70**, 729-754.

11) Wacey, D. *et al.* (2011) Microfossils of sulphur-metabolizing cells in 3.4-billion-year-old rocks of Western Australia. *Nature Geo.*, **4**, 698-702.

12) Sugitani, K. (2012) "Life cycle and taxonomy of Archean flanged microfossils (spindles) from the Pilbara Craton, Western Australia", 34th International Geological Congress, Brisbane, Australia, 17.3#255.

13) Samuelsson, J. *et al.* (1999) Organic-walled microfossils from the

Proterozoic Thule Supergroup, Northwest Greenland. *Precambrian Res.*, **96**, 1-23.

14) Schopf, J. W., Klein, C. (1992) The Proterozoic Biosphere. *A Multidisciplinary Study*, Cambridge University Press, New York.

15) Parke, M. *et al.* (1978) The genus Pterosperma (Prasinophyceae): Species with a single equatorial ala. *Jour. Marine Biol. Assoc. UK*, **58**, 239-276.

16) Tappan, H. (1980) *Palaeobiology of Plant Protists*, W.H. Freeman, San Francisco CA.

17) Kirschvink, J.L., Weiss, B.P. (2001) Mars, pamspermia, and the origin of life: Where did it all begin? *Palaeontol. Electron.*, **4**, 2-8.

参考文献 (順不同)

地球科学全般

- 杉村新 (1987)『グローバルテクトニクス』, 東京大学出版会.
- 酒井治隆 (2005)『地球学入門』, 東海大学出版会.
- 小嶋稔 (1987)『地球史入門』, 岩波書店.
- 大谷栄治・掛川武 (2010)『地球・生命——その起源と進化』, 共立出版.
- 池谷仙之・北里洋 (2004)『地球生物学——地球と生命の進化』, 東京大学出版会.
- 掛川武・海保邦夫 (2011)『地球と生命——地球環境と生物圏進化』, 共立出版.
- Skinner, B.J., Porter, S.C. (1992) *The Dynamic Earth-an introduction to physical geology 2ed*, Johan Wiley & Sons, Inc., New York.
- 松久幸敬・赤木右 (2005)『地球化学概説 (地球化学講座 1)』培風館.

生命の起源と初期進化について

- 日本宇宙生物科学会 (奥野誠・馬場昭次・山下雅道) 編 (2010)『生命の起源をさぐる——宇宙からよみとく生物進化』, 東京大学出版会.
- P. ウルムシュナイダー (2008)『宇宙生物学入門——惑星・生命・文明の起源』(須藤靖・田中深一郎・荒深遊・杉村美佳・東悠平訳), シュプリンガー・ジャパン.
- 石川統他 (2004)『化学進化・細胞進化』, 岩波書店.
- 山岸明彦編 (2013)『アストロバイオロジー——宇宙に生命の起源を求めて』, 化学同人.
- 高井研 (2011)『生命はなぜ生まれたのか』, 幻冬舎文庫.
- 中沢弘基 (2014)『生命誕生——地球史から読み解く新しい生命像』, 講談社現代新書.
- A.H. ノール (2005)『生命最初の 30 億年』(斎藤隆央訳), 紀伊国屋書店.

地球史

- R. ヘイゼン (円城寺守 監訳, 度会圭子 訳) (2014)『地球進化 46 億年の物語——「青い惑星」はいかにしてできたのか』, 講談社.
- 川上紳一, 東條文治 (2009)『図解入門最新地球史がよくわかる本』, 秀和システ

ム.

- 丸山茂徳, 磯崎行雄 (1998)『生命と地球の歴史』, 岩波書店.
- 平朝彦他 (1998)『地球進化論』, 岩波書店.
- T.H.V. アンデル (1991)『さまよえる大陸と海の系譜——これからの地球観』(卯田強訳), 築地書館.

生態系, 物質循環, 微生物

- 浅枝隆 編著 (2011)『図説生態系の環境』, 朝倉書店.
- 久保幹他 (2012)『環境微生物学——地球環境を守る微生物の役割と応用』, 化学同人.
- 吉原利一 (2010)『地球環境テキストブック環境科学』, オーム社.
- 伊藤政博他 (2014)『極限環境生命——生命の起源を考え, その多様性に学ぶ』, コロナ社.
- Edwards, K.J., Becker, K., Colwell, F. (2012) The deep, dark energy biosphere: Intraterrestrial life on Earth, *Ann. Rev. Earth Planet. Sci.* **40**, 551-568.

エイペクス・チャート論争, 微化石の真偽判定

- J.W. ショップ (1998)『失われた化石記録』, 講談社現代新書.
- 日経サイエンス編集部編 (2003)『異説・定説 生命の起原と進化 (別冊日経サイエンス 142)』, 日経サイエンス.
- Wacey, D. (2009) *Early Life on Earth: A practical guide*, Springer, Heidelberg.

ストロマトライト (バイオマット含む) とシアノバクテリア

- 山本純之, 磯崎行雄 (2013) "ストロマトライト研究の歴史と今後の展望", 地学雑誌, **122**, 791-806.
- Riding, R. (2008) Abiogenic, microbial and hybrid authigenic carbonate crusts: components of Precambrian stromatolites,. *Geologia Croatica*, **61**, 73-103.
- Bosak, T., Knoll, A.H., Petroff, A.P. (2013) The meaning of stromatolites, *Ann. Rev. Earth Planet. Sci.*, **41**, 21-44.
- 伊藤繁 (2012) "光合成の進化", 光合成研究, **22**, 14-30.
- Noffke, N. (2010) *Geobiology: Microbial mats in sandy deposits from the Archean era to today*, Springer.

真核生物の起源・出現時期

- L. マーギュリス (2004)『細胞の共生進化 (上・下) ——始生代と原生代における微生物群集の世界』(永井進訳), 学会出版センター.
- L. マーギュリス (2000)『共生生命体の 30 億年』(中村桂子訳), 草思社.
- 黒岩常祥 (2001)『ミトコンドリアはどこからきたか』, NHK ブックス.
- 井上勲著 (2007)『藻類 30 億年の自然史』, 東海大学出版会.

その他

- S.J. グールド (1993)『ワンダフル・ライフ』(渡辺政隆訳), 早川書房.
- S. コンウェイ・モリス (1997)『カンブリア紀の怪物たち』(松井孝典監訳), 講談社現代新書.
- A. パーカー (2006)『眼の誕生——カンブリア紀大進化の謎を解く』(渡辺政隆, 今井康子訳), 草思社.
- K.O. Konhauser (2006) *Introduction to Geomicrobiology*, Wiley-Blackwell.
- J. Reitner, V. Thiel ed. (2011) *Encyclopedia of Geobiology*, Springer.
- 井出利憲 (2010) 分子生物学講義中継番外編『生物の多様性と進化の驚異』, 羊土社.
- J. アンドリュース他 (1997)『地球環境化学入門』(渡辺正訳), シュプリンガーフェアラーク東京.
- 日本海洋学会編 (2002)『海と環境』, 講談社サイエンティフィク.
- Grey, K. *et al.* (2002) "3.45 billion year-old stromatolites in the Pilbara Region of Western Australia: Proposals for site protection and public access", Geological Survey of Western Australia Record 2002/17.
- H.A. アームストロング, M.D. ブレイジャー (2007)『微化石の科学』(池谷仙之・鎮西清高訳), 朝倉書店.
- 足立吟也 (1999)『希土類の科学』, 化学同人.
- K.C. Condie ed. (1994) *Archean crustal evolution, Developments in Precambrian Geology* 11, Elsevier.
- K.B. Krauskopf, D.K. Bird (1995) *Introduction to Geochemistry*, 3rd., McGraw-Hill, Inc.
- S.R. Taylor, S.C. McLennan (1985) *The continental crust: its composition and evolution*, Backwell.
- T. フェンチル他 (太田寛行 他訳)『微生物の地球化学——元素循環をめぐる微生物学』東海大学出版部.

あとがき

　巡り合わせというのは不思議なものである．筆者はそもそも古生物学をこころざして大学に入ったわけでもないし，研究者を目指すほど勉強熱心だったわけではない．紆余曲折をへて卒業研究で杉崎隆一先生（名古屋大学・名誉教授）のお世話になり，そこで与えられたテーマは，チャートに含まれる微小なマンガン団塊の組成からチャートの堆積環境を推定する，というものであったが，なんでそんなことするのかよくわからないまま，卒業するために毎日実験をやっていた．実験しながらなんでこんなことやるんだろう？　と考え続け，あるときそのテーマの意味することがすっと理解できたような気がする．多分それ（と4年のときに就職試験に失敗して修士課程に進んだこと）が，博士課程まで進んだきっかけだと思う．

　博士課程に進んだものの最初に取り組んだ研究テーマはあえなく頓挫し，仕切り直す必要に迫られる．そんなとき，地質関係の辞典を何気なく見ていたら，先カンブリア時代という項目に，チャートという聞き慣れた名前を見つけた．先カンブリア時代の研究をするには，先カンブリア時代の石があるところに行く必要がある．先カンブリア時代の大規模な地層はカナダ，オーストラリアなど海外のいわゆるクラトンとよばれる安定地塊にしかない．本格的に先カンブリア時代のチャートを研究しようとするなら，当然海外調査をする必要がある．「これはオモロイぞ！」と思ったのだ．とにかく人が行ったことの無いような辺境の地でフィールドワークをしたいという気持ちが強かった．

そんな思いで頭が膨らむ中，杉崎先生が，
「博士の研究どうすんだ？」
と聞いてきた．私はここぞとばかりに
「先カンブリア時代にもチャートがあるので，そういう古い時代のものをやってみたいです」
と言うと，意外にもあっさりと
「そりゃーおもしろそうだな，それで行くか！」
と言ってくれたのだ．先生はそのテーマについて何の具体的展望も無かったと思うが，このような思いつきにつきあってくれる指導教員に恵まれた自分は幸運である．

　そんないい加減なきっかけで自分の太古代研究が始まり，さらには友人 TA 氏の一言で恐ろしく貴重な試料を採取することができた．自分は留学経験もなく，大きな研究グループに属したこともなければビッグプロジェクトに参画したこともないが，キャスとの出会いから世界各地に共同研究の輪が広がった．時として行き違いや，意見の相違に頭を抱えることはあるものの，色々な国の研究者と一緒に研究をすることは楽しいものだ．自分の考えを容赦なく批判する共同研究者は貴重な友人でもある．

　最後に本書が完成するまでにお世話になった多くの方々に謝意を表したい．本書を執筆するきっかけを作っていただいたのは，同業者である東北大学の掛川武教授である．50 過ぎの私を若干 40 代半ばにして国際会議を主催し云々とこのシリーズの著者として共立出版の信沢孝一氏に紹介してくれたのである．両氏と編集を担当していただいた酒井美幸さんには出版にいたるまで粘り強く支えて頂いた．心から感謝したい．ちなみのこの国際会議は 2013 年に名古屋大学で行ったもので，私が主催する初めての会議であった．この会議が本書執筆のきっかけになったと思うが，その企画・運営に協

力してくれた多くの方々と大きな援助を頂いた名古屋大学大学院環境学研究科研究科長（当時）の久野覚教授に深く感謝する次第である．また太古代微化石の発見のきっかけを作ってくれた TA 氏，ピルバラ調査の相棒・名古屋大学の三村耕一氏，いつも応援して頂いている杉崎隆一先生，ピルバラでの調査を薦めてくれた足立守先生，研究のための膨大な薄片を作成してくれた長岡勉氏，初稿に対して厳しい批評をしてくれた妻と娘，そして両親（父はすでに他界したが）と姉，そして大学時代の友人 MN 氏には特別の謝意を評したい．

石のつぶやき

コーディネーター　掛川　武

「生命がどのように誕生し，進化していったのか？」「なぜ地球だけに生物がいるのか？」という問題は科学者だけでなく多くの人々が興味を持つ問題であろう．この問題に取り組み続けてきたのが，名古屋大学の杉谷健一郎さんである．杉谷さんは数十年に渡って，オーストラリアの奥地を調査し，地球史の中で最も古い部類に入る化石を発見するに至っている．それは貝や恐竜の化石でなく，微生物の化石である．34億年から31億年前の太古の地球に生きていた生物の姿，生き方，その後の進化を語るときに，杉谷さんの研究成果は欠かせないものになっている．

地球は46億年前に誕生した．生命は46億年前から38億年前のある時期に誕生した．その後，生命は進化し続け現在に至っている．その進化は膨大な時間と壮絶な環境激変の中で起こっていったとされる．そうした生物進化の様子は，太古の岩石に記録され続けてきた．いわば岩石が太古の情報を記録した古文書なのである．しかしこの「古文書」は時代をさかのぼればさかのぼるほど解読困難になっている．逆にこの困難さから，太古の地球の調査は滞っていた．しかし，やってみないとわからないのがサイエンスである．まだ見つかっていない岩石（古文書）があるかもしれない．その「古文書」には最古の生物の痕跡が記されているかもしれない．その記録を見つければ，生物の進化を考えるうえで重要な発見ができるだけでなく，科学者として最高に名誉なことかもしれない．そんな期

待が,杉谷さんの研究を進めるうえでの駆動力になっていたと個人的に感じている.これは研究を遂行するうえで,かなり純粋で本質的な動機であると思う.

　日本は地球の歴史の中で最近できたばかりの若い島国である.太古の生物が誕生してから,はるか後にできたので日本の岩石から太古の生物の情報は得られない.その一方で世界の数ヵ所に太古の岩石が残されている.これら岩石中には太古の生物の化石が残されている可能性がある.代表例として,オーストラリアのピルバラ地域があり,そこには太古の岩石が広く分布している.しかも岩石の保存状態がかなりよく,研究には適している.しかしピルバラ地域はオーストラリア人のほとんどが敬遠する僻地である.杉谷さんは,この僻地ピルバラを主戦場とし,何年にもわたり現地調査を積み重ねることになる.調査では数km～何百kmにわたって詳細に岩石(古文書)の分布や組織,周辺の岩石との関係を調べる.こうした調査には膨大な時間,忍耐力が必要になる.自然相手の調査なので,しばしば危険も伴う.こうした点が物理学や化学などの研究手法と大きく異なる点である.現地調査は面倒な研究手法でもあり,こうした手法を敬遠する研究者や学生は増えている.しかし,杉谷さんは「知りたい」「あるはずだ」という駆動力で困難な調査を継続し,大きな発見に結びつけてきた.本著では,現地調査の苦労話なども紹介されている.「地質調査とはどのようなものか」,「いかに発見に満ちたものか」の情報が本著には盛り込まれており,調査の経験の無い方,地質学を目指そうとする学生さんには大いに参考(？)になるに違いない.

　野外調査するだけでは「古文書」に生命の痕跡が書かれているかわからない.特に太古の生物はバクテリアのような微生物であった.微生物の化石は,石をじっくり眺めていても肉眼では見えな

い.微生物化石を見つけるためには,岩石を大学に持ち帰り,薄く削る作業が必要になる.岩石が十分薄くなると,岩石が光を通すようになり,中が見えてくる.薄くなった岩石を顕微鏡で観察して,微生物の化石を見つけていく.これはこれで膨大な時間を要する.数個の岩石の分析ならまだ苦にならないであろう.しかし必要とする情報を得るためには数十～何百個,時に何千個の岩石を相手にすることになる.これは消耗的な作業である.

さらに太古の「古文書」も完璧でない.失われた文字(化石)や,後の時代に書き加えられた文字なども混在する.いつの時代に記録された情報なのか,はっきりしない場合もしばしばである.真摯に岩石に接し,そこに秘められた声(古文書情報)を聞く耳を持たねば,岩石は何も教えてくれない.いいかげんな態度をとったら,逆に岩石に馬鹿にされる.杉谷さんは,こうした作業も躊躇することなくこなし,岩石に秘められた声を聞き出すことに成功してきている.まさに岩石ソムリエとも言うべき存在である.こうした岩石相手の地道な研究は,かなりアナログ的な要素はある.ほとんどがデジタル化された時代に言うのも変であろうが,こうしたアナログ的な研究手法は,最先端の科学研究において最後には大きな発見につながる場合が多いと思う.アナログ的手法は山勘,セレンディビティー,直感と呼ぶべき感性を生み出す.その感性は個性であり,その人の研究にユニークさ生み出す.そのユニークさが大発見を起こす力であると思う.アナログ的感性は実際の経験の積み重ねのうえに成り立っている「技」と私は考えている.古老の寿司職人が絶妙な味の寿司を握るのと同じことかもしれない.そうしたアナログ的研究の正当性を本著では十分に体感できる.

本著書でも述べられているが,岩石から読み取った情報は,最終的に論文としてまとめられ国際社会に公表される.研究者の世界は

常に競争，競争で，時に足の引っ張り合いもある魑魅魍魎とした世界である．国際社会には懐疑的な研究者が多く，新しい発見は簡単には受け入れてもらえない．研究者として成功するためには，外国人研究者を説き伏せる力，一緒に研究する力が要求される．そうした様子も本著で紹介されている．杉谷さんの微生物化石発見を公表するに至った経緯は，なかなか知り得ない苦労話であると思う．論文を作成しようとする学生さんには大きな刺激になると思う．

「太古の地球にどのような生物がいたか」という問題は，国際競争が激しい課題である．例えば南アフリカのバーバートン地域にも太古の岩石が産出し，世界中の研究者が岩石を採集するために集まる．同じ岩石を求めて年間に約100名の学生や研究者がやってくると言う．それだけ競争が激しい．国際競争が激しい中で，太古の生命探査の進展に対して日本人研究者の貢献は極めて大きかった．その一翼を担ってきたのが，杉谷さんの研究である．世界に誇れる研究とも言える．

さらに，本著書で述べられている研究手法は，他の惑星の生命探査にそのまま適用できる手法となるであろう．「水があった」ことが「生命がいる」証拠と新聞で報道されるが，これは短絡的誤認である．火星などに本当に生物がいるかどうかは，杉谷さんが行っているのと同じ手法を用いて調べる必要がある．最後は肉眼で生物自身や化石を確認する必要がある．そういう意味で杉谷さんの研究は，アストロバイオロジー（地球のみならず宇宙全体に生物が存在する可能性を追求する学問）の基礎の基礎とも言える．

忍耐強さが要求される学問を地道にこなし，大きな発見に結びつける研究があることを，一般読者の方々に知っていただきたいと私は思った．杉谷さんは，その意図を見事に本著のなかで実現してくれた．こうした学問手法はメジャーな物ではないが，自然を対象に

する学問では重要なことである．科学者を目指す学生の皆さんにも，自然と向き合い，自然の声を聞き，発見する手法を体感していただけたらと思う次第である．

索　引

【英数字】

2-メチルホパノイド　88
2-メチルホパン　88
α-プロテオバクテリア　96
antiquity　154
$BaSO_4$　42, 135
biogenicity　154
$Ca_5(PO_4)_3(F,Cl,OH)_2$　50
$CaCO_3$　29
$CaMg(CO_3)_2$　30
Cr　121
DNA　71
$FeCO_3$　126
FeS_2　47
H_2S　47
Last Universal Common Ancestor　71
LUCA　71
Microbially Induced Sedimentary Structure　49
MISS　49
Mo　115
MoO_4^{2-}　115
MoS　115
$NaHCO_3$　194
Redox-sensitive elements　117
RNA　71

【あ】

アキリア島　50
アクリターク　93, 150
アセノスフェア　12
アパタイト　50
アンティクイティー　154
異質細胞　28
イスア緑色岩帯　5
一次生産量　104
遺伝的多様性　70
隕石　68
ウラン　121
栄養細胞　202
液胞　202
エッジワイズ・ブレッチャ　194
エディアカラ動物群　2
エンドサイトーシス　74
塩湖　187
黄鉄鉱　47
黄鉄鉱-閃ウラン鉱鉱床　106
温室効果　101
オンベルワクト層群　185

【か】

カープバール地塊　7
化学合成従属栄養生物　76
化学合成独立栄養生物　75
化学進化　60
化学的堆積岩　145

化学的沈殿岩　195
核融合　58
化石　1
化石生成過程　157
芽胞　189
還元層　47
カンブリア爆発　2
ガンフリント・チャート　15
岩脈　21
輝水鉛鉱　115
希土類元素　124
帰無仮説　21
休眠胞子　28,150,185
極限環境　71
極限環境微生物　81
暗い太陽のパラドクス　101
グラファイト　51
グラフェン　51
グリパニア・スピラリス　90
クロム　121
クロンベルグ層　185
群体　157
珪化作用　44
珪華　199
嫌気的環境　80
原始太陽系星雲　58,98
顕生代　2
原生代　3
顕生累代　2
コアセルベート　64
好気呼吸　112
後期重爆撃　10
好気的環境　80
光合成細菌　6
光合成従属栄養生物　76
光合成独立栄養生物　75
ゴールズワージー緑色岩帯
　　33,131,187

黒色チャート　136
古細菌　46
コスモポリタン　193
個体群の集合体　71
古土壌　119
コロニー　157,191
混合栄養　76
コンタミネーション　88
根粒菌　76

【さ】

細胞骨格　93,202
細胞小器官　83
サブカ　49
酸素オアシス　124
酸素発生型光合成　20,84
酸素発生型光合成細菌　11
シアノバクテリア　4
糸状体　20
シスト　189
質量非依存性同位体分別　109
縞状鉄鉱層　5,102,134
種多様性　70
硝化作用　77
蒸発岩　135
消費者　72
食作用　74
深海熱水起源説　65
真核生物　11,46
真正細菌　46
シンター　199
すい星　100
水路　194
スティルリー・プール層　31
ステラン　88
ステロイド　88
ストロマトライト　26
スレーヴ地塊　4

索 引

生活環　203
生産者　72
生食連鎖　72
生態系　71
生態系の多様性　70
生体高分子　60
生物群集　71
生物多様性　70
生命火星飛来説　210
潟湖　187
石質隕石　68
赤色砂岩層　107
石鉄隕石　68
閃亜鉛鉱　199
先カンブリア時代　2
層状粘土鉱物　62

【た】

太古代　1,3
大酸素事変　85,106
多細胞動物　2
脱ガス　99
脱水縮合　61
脱窒　77
タフォノミー　157
多分裂　202
炭酸塩鉱物　26
炭酸塩プラットフォーム　187
炭素質コンドライト　68
炭素同位体組成　192
炭素の同位体比　36
チオマルガリータ・ナミビエンシス　201
地殻　11
窒素固定　76
チャネル　194
中央海嶺　65
中性子捕獲　58

潮間帯　187
超新星爆発　58
ツバ状突起　162
デオキシリボ核酸　71
鉄　120
鉄隕石　68
鉄酸化バクテリア　127
ドメイン　46
ドレッサー層　40
ドロマイト　29

【な】

ナーコライト　194
熱水　65
熱水性珪質沈殿物　199
熱水噴出孔　43
ノースポール　40

【は】

バーバートン山地　7,10
バイオジェニシティー　154
バイオフィルム　49
バイオマーカー　88
バイオマット　48
バイオモルフ　158
発酵　112
パノラマ　187
ハメリン・プール　27
バライト　42,135
非酸素発生型光合成　83
非酸素発生型光合成細菌　127
ビッグバン　57
ピルバラ地塊　4,131
微惑星　98
ファレル珪岩層　166
付加体説　53
不均化　48
腐食連鎖　72

物質循環　72
プテロスペルマ属　208
不動細胞　208
負のセリウム異常　128
プラシノ藻　208
フランジ　161,191
プレートテクトニクス　11
プロテノイドミクロスフェア　64
分解者　72
分子雲　58
変成作用　1
方解石　29
放散虫　23
放散虫層状チャート　53
紡錘体　161
母細胞　202
ホットスポット　200

【ま】

マーチソン隕石　68
マーブルバー・チャート　23
マイクロバイアリー・インデューズド・セディメンタリー・ストラクチャ　49
マグマオーシャン　98
マリグラニュール　64
マントル　11
無機化　72
娘細胞　202
冥王代　3
メタン細菌　46
モホロビッチの不連続面　11
モリブデン　115
モリブデン酸　115

【や】

湧昇流　105
葉理　15,26

【ら】

ライフサイクル　203
ラスト・ユニバーサル・コモン・アンセスター　71
ラマン分光分析　34
ラミナ　26
ラミネーション　15
陸域生態系　198
陸源性堆積岩　133
リソスフェア　11
リボ核酸　71
硫化水素　47
硫酸イオン　47
流体包有物　18
菱鉄鉱　126
リン脂質　63
レドックスセンシティブエレメント　117
連続共生説　89,95

【わ】

ワラロン　187

著 者

杉谷健一郎（すぎたに けんいちろう）

1991年　名古屋大学大学院理学研究科博士後期課程修了 理学博士
現　在　名古屋大学大学院環境学研究科都市環境学専攻 教授
専　門　宇宙生物学，環境科学

コーディネーター

掛川　武（かけがわ たけし）

1997年　米国ペンシルバニア州立大学大学院修了（Ph. Dr.）
現　在　東北大学大学院理学研究科地学専攻 教授
専　門　生命起源地球科学

共立スマートセレクション 5	著　者　杉谷健一郎　© 2016
Kyoritsu Smart Selection 5	コーディネーター　掛川　武
オーストラリアの荒野によみがえる原始生命	発行者　南條光章
Surprise in the Outback: The discovery of complex, early life from the Pilbara of Western Australia	発行所　共立出版株式会社 郵便番号　112-0006 東京都文京区小日向 4-6-19 電話　03-3947-2511（代表） 振替口座　00110-2-57035 http://www.kyoritsu-pub.co.jp/
2016年1月25日　初版1刷発行	印　刷　大日本法令印刷 製　本　加藤製本
検印廃止 NDC 456, 457, 461.6 ISBN 978-4-320-00905-9	一般社団法人 自然科学書協会 会員 Printed in Japan

JCOPY <出版者著作権管理機構委託出版物>
本書の無断複製は著作権法上での例外を除き禁じられています．複製される場合は，そのつど事前に，出版者著作権管理機構（TEL：03-3513-6969，FAX：03-3513-6979，e-mail：info@jcopy.or.jp）の許諾を得てください．

見つかる（未来），深まる（知識），広がる（世界）

共立 スマートセレクション

ダーウィンにもわからなかった
海洋生物の多様な性の謎に迫る
新シリーズ第1弾！

本シリーズでは，自然科学の各分野におけるスペシャリストがコーディネーターとなり，「面白い」，「重要」，「役立つ」，「知識が深まる」，「最先端」をキーワードにテーマを精選しました。
第一線で研究に携わる著者が，自身の研究内容も交えつつ，それぞれのテーマを面白く，正確に，専門知識がなくとも読み進められるようにわかりやすく解説します。日進月歩を遂げる今日の自然科学の世界を，気軽にお楽しみください。

●主な続刊テーマ●
ウナギの保全生態学／地底から資源を探す／宇宙の起源をさぐる／美の生物学的起源／あたらしい折紙のかたちとデザイン／踊る本能／シルクが変える医療と衣料／イズが実現する高感度センサー／分子生態学から見たハチの社会／社会インタラクションから考える未来予想図／社会と分析化学のかかわり／他

【各巻：B6判・並製・本税別本体価格】

※続刊テーマは変更される場合がございます※

共立出版

❶ 海の生き物はなぜ多様な性を示すのか ―数学で解き明かす謎―
山口 幸著／コーディネーター 巌佐 庸
目次：海洋生物の多様な性／海洋生物の最適な生き方を探る／他‥‥‥‥‥176頁・本体1800円

❷ 宇宙食 ―人間は宇宙で何を食べてきたのか―
田島 眞著／コーディネーター 西成勝好
目次：宇宙食の歴史／宇宙食に求められる条件／NASAアポロ計画で導入された食品加工技術／現在の宇宙食／他‥‥‥‥‥126頁・本体1600円

❸ 次世代ものづくりのための電気・機械一体モデル
長松昌男著／コーディネーター 萩原一郎
目次：力学の再構成／電磁気学への入口／電気と機械の相似関係／他‥‥‥‥200頁・本体1800円

❹ 現代乳酸菌科学 ―未病・予防医学への挑戦―
杉山政則著／コーディネーター 矢嶋信浩
目次：腸内細菌叢／肥満と精神疾患と腸内細菌叢／乳酸菌の種類とその特徴／乳酸菌のゲノムを覗く／植物乳酸菌の驚異／他‥‥142頁・本体1600円

❺ オーストラリアの荒野によみがえる原始生命
杉谷健一郎著／コーディネーター 掛川 武
目次：「太古代」とは／太古代の生命痕跡／現生生物に見る多様性と生態系／他 256頁・本体1800円

❻ 行動情報処理 ―自動運転システムとの共生を目指して―
武田一哉著／コーディネーター 土井美和子
目次：行動情報処理のための基礎知識／行動から個性を知る／行動を予測する／行動から人の状態を推定する／他‥‥‥‥‥100頁・本体1600円

⑦ サイバーセキュリティ入門 ―私たちを取り巻く光と闇―
猪俣敦夫著／コーディネーター 井上友郎
目次：インターネットの仕組み／暗号の世界へ飛び込もう／インターネットとセキュリティ／ハードウェアとソフトウェア他‥‥2016年2月発売予定

http://www.kyoritsu-pub.co.jp/